Azure
テクノロジ入門
2019

佐藤 直生・久森 達郎・真壁 徹
安納 順一・松崎 剛・高添 修 [著]

日本マイクロソフト株式会社 [監修]

日経BP社

はじめに

　本書は、Microsoft Azure（以下 Azure）の入門書として執筆したものです。2016年11月に出版した『Azureテクノロジ入門 2016』、2017年11月に出版した『Azureテクノロジ入門 2018』は、当初の願いどおり入門書として多くの方に手に取っていただくことができました。ありがとうございました。

　『Azureテクノロジ入門 2018』の出版からの1年で、Azureはさらに進化を遂げており、多くの機能改善や新機能の追加が行われました。Azure Kubernetes Service（AKS）、Azure Container Instances、Azure Database for MySQL/PostgreSQL、Azure Databricksなどの Azureサービスが一般提供（GA）になっただけでなく、一般提供（GA）済みのAzureサービスの機能強化も着々と進められてきました。Azureに関心を寄せる方が引き続き増えていることも後押しとなり、本年も出版の機会を作ることができました。

　昨年に引き続き本年も、Azure初心者に向けて「Azureはどんなことができるのか」「Azureを知るにはどこから始めればよいのか」をつかんでもらうことを目指しています。読者の皆様から頂いたフィードバックをもとに、昨年の内容から変更のあった部分のアップデートにとどまらず、よりわかりやすく内容を更新しつつ、新発表のサービスまでカバーしていきます。

　Azureには数多くのサービスがあり、すべてのサービスを取り上げることはできませんが、本書の範囲外のサービスを使っていく際の端緒として役立つと確信しています。本書が一人でも多くのAzureに関心を寄せる開発者、運用者の皆様のお役に立てることを願っています。

2018年10月
著者を代表して
佐藤 直生／久森 達郎

本書の執筆期間と環境

　本書は2018年10月時点のAzureを対象に書かれています。出版時点でAzure側に変更がある場合は、Azure側を正とします。

　また、執筆環境は下記のとおりです。

- クライアントOS：Windows 10 Pro もしくは Enterprise
- Visual Studio：2017
- ロケールおよび言語：日本、日本語

目次

はじめに .... (3)
本書の執筆期間と環境 .... (4)

第1章 Azureの基本と全体像 1

1.1 Azureとは 1
1.1.1 Azureの基本と特徴 1
1.1.2 100を超える多彩なサービス 2
1.1.3 必要なリソースを必要なときに確保できる 3
1.1.4 使った分だけ支払えばよい柔軟な料金体系 3
1.1.5 複数の購入オプション 4
1.1.6 SLAの提供 5
1.1.7 全世界へのリージョン展開 5

1.2 Azureの基本概念と本書で扱うサービス 6
1.2.1 Azureの基本概念 6
1.2.2 本書で扱うサービスと概要 8

1.3 Azureを使い始めるには 9
1.3.1 Microsoftアカウントの開設 10
1.3.2 Azure無料アカウントの開設 12
1.3.3 従量課金以外の購入方法 16
1.3.4 Visual Studioサブスクリプション 16

1.4 料金の考え方 17
1.4.1 課金対象 17
1.4.2 利用料金の確認 18
1.4.3 料金計算ツール 20

1.5 サポート、フォーラム、コミュニティ 20
1.5.1 サポート 20
1.5.2 コミュニティサポート 21
1.5.3 コミュニティ 22

第2章 AzureのインフラとIaaS ～ 仮想マシン、ストレージ、ネットワーク … 23

2.1 Azureインフラの基礎 … 23
- 2.1.1 Azure IaaS概要 … 23
- 2.1.2 Azure Resource Managerモデルとは … 24
- 2.1.3 本章の進め方 … 26

2.2 ネットワーク … 27
- 2.2.1 概念と基本機能 … 27
- 2.2.2 仮想ネットワークとサブネット … 28
- 2.2.3 外部接続 … 29
- 2.2.4 IPアドレスの割り当て … 30
- 2.2.5 名前解決 … 32
- 2.2.6 パケットフィルタリング（NSG） … 33
- 2.2.7 DDoS防御およびL7セキュリティ … 34
- 2.2.8 その他の付加機能 … 34

2.3 ストレージ … 35
- 2.3.1 概念と基本機能 … 35
- 2.3.2 アンマネージドディスクの設計時の考慮点 … 38
- 2.3.3 マネージドディスク … 38

2.4 仮想マシン … 39
- 2.4.1 ドライブの使い分け … 40
- 2.4.2 仮想マシンエージェントと拡張機能 … 40
- 2.4.3 監視、診断とストレージアカウント … 41
- 2.4.4 障害ドメインと更新ドメイン … 42
- 2.4.5 可用性セット … 43
- 2.4.6 仮想マシン作成の流れ … 44

2.5 IaaSの進んだ使い方 … 52
- 2.5.1 APIを理解する … 52
- 2.5.2 CLIの使い方 … 53
- 2.5.3 ARMテンプレートデプロイ … 55
- 2.5.4 Azure Marketplace … 63
- 2.5.5 コンテナーの活用 … 65

2.6 IaaS選定ガイドライン … 68
- 2.6.1 Azureアプリケーションの設計原則 … 68
- 2.6.2 設計原則を参考にIaaSを選定する … 70

第3章 データベース、データ分析、AI（人工知能）、IoT (Internet of Things) ... 71

3.1 Azure SQL Database ... 71
3.1.1 Azure SQL Databaseの概要 ... 71
3.1.2 Azure SQL Databaseのパフォーマンスと可用性 ... 71
3.1.3 Azure SQL Databaseの操作 ... 75
3.1.4 Azure SQL Databaseの連携・データの可視化 ... 78
3.1.5 エラスティックプール、Managed Instance ... 80

3.2 Azure SQL Data Warehouse ... 81
3.2.1 Azure SQL Data Warehouseの概要 ... 81
3.2.2 Azure SQL Data Warehouseの作成 ... 84
3.2.3 Azure Data Factoryによるデータ移行 ... 85
3.2.4 Azure SQL Data Warehouseの活用 ... 86

3.3 Azure Databricks と Azure HDInsight ... 88
3.3.1 Azure Databricksとは ... 88
3.3.2 Azure HDInsightとは ... 90
3.3.3 Azure Databricksを使用する方法 ... 90
3.3.4 Azure HDInsightを使用する方法 ... 98

3.4 Azure Event Hubs と Azure Stream Analytics ... 101
3.4.1 リアルタイムデータ処理の基本とAzureの提供するサービス ... 101
3.4.2 Azure Event Hubs と Azure Stream Analytics ... 101
3.4.3 他のサービスとの連携と選び方の指針 ... 107

3.5 Azure Machine Learning ... 108
3.5.1 Azure Machine Learningとは ... 108
3.5.2 機械学習の概要 ... 109
3.5.3 Azure Machine Learning Studioの使い方 ... 113
3.5.4 Azure Machine Learningサービス ... 119

3.6 Azure Cognitive Services ... 120
3.6.1 Azure Cognitive Servicesとは ... 120
3.6.2 より手軽に使えるAPI群の紹介 ... 120
3.6.3 APIの使い方 ... 127

3.7 Azure Database for MySQL/PostgreSQL ... 128
3.7.1 Azure Database for MySQL/PostgreSQLを支える基盤 ... 128

3.8 Azure Cosmos DB ... 131
3.8.1 RDBMSとNoSQLデータベース ... 131
3.8.2 Azure Cosmos DBのデータモデル ... 132
3.8.3 Azure Cosmos DBのスケーリングと料金モデル ... 135
3.8.4 Azure Cosmos DBのグローバル分散 ... 137

3.8.5　Azure Cosmos DBのレイテンシとSLA　138
　　　3.8.6　Azure Cosmos DBの整合性レベル　139
　　　3.8.7　Azure Cosmos DBの試用版　139
　3.9　IoT関連サービス　140
　　　3.9.1　Azure IoT Central　142
　　　3.9.2　Azure IoTソリューションアクセラレータ　143
　　　3.9.3　Azure IoT Hub　147
　　　3.9.4　Azure IoT Edge　148

第4章　開発者のためのPaaS ～ Azure App Service、Azure Functions、Azure DevOps　149

　4.1　Azureでのアプリケーション開発　149
　　　4.1.1　PaaS概要とIaaSとの比較　149
　　　4.1.2　PaaSを利用するメリット　150
　　　4.1.3　PaaSにできないこと　151
　4.2　Azure App Service　151
　　　4.2.1　Azure App Service概要　151
　　　4.2.2　App Serviceプラン　152
　　　4.2.3　App Service Environment　153
　4.3　Web Apps　154
　4.4　Azure Logic Apps　156
　　　4.4.1　Azure Logic Appsとは　156
　　　4.4.2　Azure Logic Appsの機能を構成する主な要素と概念　157
　　　4.4.3　実際にAzure Logic Appsを作ってみよう　158
　4.5　Azure Functions　159
　　　4.5.1　サーバーレスアーキテクチャとAzure Functions　159
　　　4.5.2　Azure Functionsの特徴　160
　　　4.5.3　Azure Functionsの画面の操作と設定　161
　　　4.5.4　Azure Functionsの料金プラン　164
　　　4.5.5　関数を動かしてみよう　165
　4.6　Azure DevOps　171
　　　4.6.1　DevOpsとは　171
　　　4.6.2　Azure DevOps　171
　　　4.6.3　Azure DevOps Projects　171
　　　4.6.4　Azure DevOps Projectsを使ってみよう　172

第5章　アイデンティティ管理と認証・認可 …… 183

5.1　Azure Active Directory - クラウド時代のアイデンティティ (ID) 管理基盤 …… 183
- 5.1.1　クラウドにおける企業向けアイデンティティ管理基盤の必要性 …… 183
- 5.1.2　Azure Active Directoryとその特徴 …… 184
- 5.1.3　Azure Active Directoryの各プラン …… 185
- 5.1.4　Azure Active DirectoryとMicrosoftアカウントの関係 …… 186

5.2　Azure Active Directoryの管理 …… 186
- 5.2.1　Azureポータルによる管理（GUIによる管理） …… 186
- 5.2.2　PowerShellによる管理（スクリプトによる管理） …… 188
- 5.2.3　Azure AD Graphによる管理（APIによる管理） …… 189

5.3　Azure Active Directoryとのアイデンティティ (ID) フェデレーションとシングルサインオン …… 189
- 5.3.1　一般的なIDフェデレーションの流れ（OpenID Connect） …… 189
- 5.3.2　フェデレーションがもたらすさまざまなメリット …… 198
- 5.3.3　マルチテナントへの対応 …… 199
- 5.3.4　APIとの連携（OAuth 2.0） …… 201
- 5.3.5　Azure Active Directory v2.0エンドポイント …… 205
- 5.3.6　アプリケーションギャラリーを使ったフェデレーション …… 205
- 5.3.7　Active Directory（企業内アイデンティティ）とのフェデレーション …… 208
- 5.3.8　フェデレーションのまとめ …… 210

5.4　Azure Active Directory B2B …… 210

5.5　Azure Active Directory B2C …… 214
- 5.5.1　Azure Active Directory B2Cの意義 …… 214
- 5.5.2　Azure Active Directory B2Cディレクトリの作成と管理 …… 215
- 5.5.3　ポリシー …… 217
- 5.5.4　画面 (UI) のカスタマイズ …… 217
- 5.5.5　Azure Active Directory B2Cの動作 …… 218
- 5.5.6　さらに高度なカスタマイズ …… 219

5.6　Azure Active Directory Domain Services …… 220

第6章　地上に広がるハイブリッドクラウド ～ Azure Stack …… 225

6.1　AzureとAzure Stack …… 225
- 6.1.1　クラウドの良さと現実とのギャップ …… 225
- 6.1.2　Azure Stackの立ち位置 …… 226
- 6.1.3　今後の「ハイブリッドクラウド」の課題を先に解決 …… 227

6.2 Azure Stackが提供するサービス ……… 228
- 6.2.1 Azure Stackには管理者が必要 ……… 228
- 6.2.2 Azure Stack IaaS ……… 229
- 6.2.3 Azure Stack PaaS ……… 231
- 6.2.4 Azure Stack MarketplaceとAzure IoT Edge ……… 231

6.3 Azure Stackの提供形態 ……… 232
- 6.3.1 統合システム ……… 232
- 6.3.2 オンプレミスでも従量課金 ……… 233
- 6.3.3 Azure Stackの最小構成と拡張性 ……… 235
- 6.3.4 2段階に分かれた運用管理 ……… 236

6.4 Azure Resource Managerという管理基盤の共通化 ……… 237
- 6.4.1 Azure StackのAzure Resource Manager ……… 237
- 6.4.2 Azure Stack版Infrastructure as Code ……… 238

6.5 最後に ……… 240

索引 ……… 243

著者一覧 ……… 249

第1章
Azureの基本と全体像

本章では、Microsoft Azure（以下Azure）の各サービスを知る前に知っておきたい前提知識や、各サービス全体にかかわる基本的な情報を紹介します。

1.1 Azureとは

　Azureは、Microsoftが提供するパブリッククラウドサービスです。「パブリッククラウドサービス」とは、インターネット経由で必要なコンピューティングリソースやサービスを必要なときに必要な分だけ活用し、使った分だけ料金を支払うことができるサービスを指します。

　Azureでは、仮想マシンを提供するAzure Virtual Machinesや、大規模なデータを格納できる高信頼ストレージであるAzure Storage、ウォーミングアップ不要でスケールするAzure Load Balancer、画像や文章処理にとどまらないAIサービスであるAzure Cognitive Servicesなど、数多くの機能をサービスとして提供しています。2018年10月現在、100を超えるサービスが提供されており、この数は日を追うごとに増えています。本書では、これら多くのサービスの中から、広く使われていて代表的なもの、知っているとより有益なサービスにフォーカスして解説していきます。

　本章では、最初にAzureの基本と特徴、本書が扱う範囲、Azureを使い始めるための情報、そしてAzureがどういったシーンで活用されているかをまとめます。

1.1.1 Azureの基本と特徴

　Azureは、他の多くのパブリッククラウドサービスと同様、下記3つの特徴を備えています。

- 100を超える多彩なサービス
- 必要なリソースを必要な時に確保できる
- 使った分だけ支払えばよい柔軟な料金体系

その他にも、Azureならではの特徴として、下記が挙げられます。

- 複数の購入オプション
- SLAの提供
- 全世界へのリージョン展開

以降では、これらの特徴について、ひとつずつ見ていきましょう。

1.1.2 100を超える多彩なサービス

　Azureでは、100を超える多くのサービスが提供されており（図1-1）、仮想マシンが利用できるAzure Virtual Machinesに限らず、DNSサービス（Azure DNS）やストレージ（Azure Storage）、CDNサービス（Azure CDN）など、一般的なパブリッククラウドサービスが備える機能はもちろん提供されています。さらに、単独の仮想マシンでは扱えないような大規模なデータを扱うAzure Date Lake Storageやデータウェアハウスサービス（Azure SQL Data Warehouse）、Web/スマートフォン向けアプリケーションの開発生産性を上げ運用を簡単にするAzure App Serviceなど、Azureならではの生産性向上に役立つサービスも提供されています。また、当然ながらMicrosoftのテクノロジ以外にも、Azure Virtual MachinesではLinuxを、データ分析サービス（Azure Databricks、Azure HDInsight）ではHadoop、Sparkなどを利用でき、複数のプラットフォームにまたがるニーズに応えることができます。

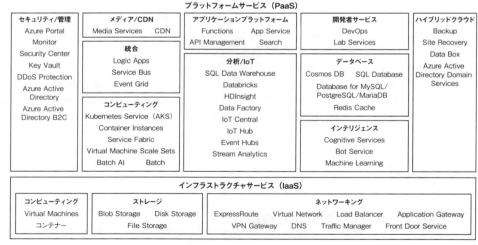

図1-1　Azureのサービス

　リージョンごとに提供されるサービスは異なるので、自分が使いたいサービスが使いたいリージョンで提供されているか確認したい場合は、次のページにアクセスしてください。

参考資料
「リージョン別の利用可能な製品」
https://azure.microsoft.com/global-infrastructure/services/

1.1.3 必要なリソースを必要なときに確保できる

パブリッククラウドの特徴である"必要なリソースを必要なときに確保できる"というサービスの性質は、当然Azureにも備わっています。例えばAzure Virtual Machinesであれば、提示されたインスタンスタイプの中から必要なスペックの仮想マシンを必要な数だけ、柔軟に短時間で、かつ簡単に調達できます。システム負荷が高くなったら、多くのリソースを追加することでサービスを安定稼働させることができます。また、調達したリソースは必要がなくなったときにいつでも解放することができるので、うまく使いこなせばコストを削減することもできます。

1.1.4 使った分だけ支払えばよい柔軟な料金体系

基本的に、Azureの料金体系は使った分だけ支払う従量課金です（後ほど挙げる購入オプションによる例外はあります）。必要な時に使った分だけ支払えばよいため、賢く使えばオンプレミスの環境と比較してコスト効果を高めることができます（図1-2、図1-3）。

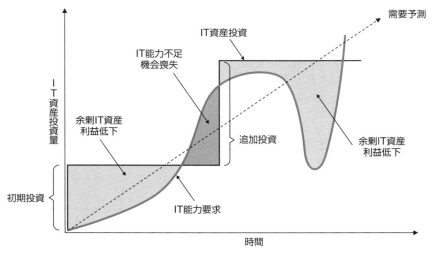

図1-2　オンプレミスのコスト

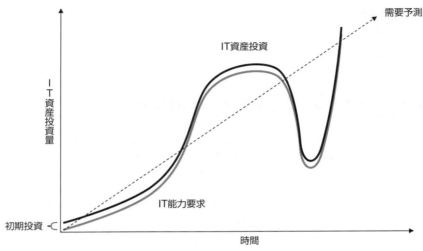

図1-3　パブリッククラウドのコスト

1.1.5　複数の購入オプション

　Azureには従量課金以外にも、エンタープライズ契約（EA）などによって、事前に1年間の利用料金をコミットすることで割引を受けられる購入方法があります（図1-4）。Azureを長期にわたって利用する予定があるユーザーにとっては、利用料金を予算化して処理しやすくなる利点があります。

　また、マイクロソフトのパートナーであるクラウドソリューションプロバイダー（CSP）からAzureを購入することも可能です。

　他にも、Azure Virtual Machinesの1年間、または3年間の利用をコミットすることで大幅な割引を受けられる「Azure Reserved VM Instances」（予約インスタンス、RI）、PaaSサービス（Azure SQL Database、Azure Cosmos DB）の1年間、または3年間の利用をコミットすることで大幅な割引を受けられる「予約容量」、オンプレミスのWindows Server、SQL ServerのライセンスをAzure Virtual Machines、Azure SQL Databaseに持ち込むことで割引を受けられる「Azureハイブリッド特典」、SLAが提供されない代わりに割引を受けられる「開発/テスト価格」など、さまざまな形でAzureの料金を抑えることができます。

　詳しくは、次のページを参照してください。

参考資料
「Azureの価格」
https://azure.microsoft.com/pricing/

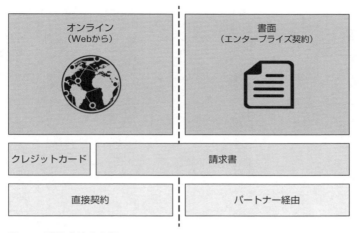

図1-4　購入方法の分類

1.1.6　SLAの提供

　Azureでは、サービスごとに99.9%〜100%の月次SLA（サービスレベルアグリーメント）が提供されています。多くのパブリッククラウドでは仮想マシンやストレージに対してのみSLAが提供されているのに対し、Azureでは一般提供（GA）されているサービスでは基本的にすべてSLAが提供されています。例えば顧客のシステムを預かるような事業を行っている場合、SLAがあることは大きなアドバンテージになるでしょう。また最近、サービスの運用を行う役割をSite Reliability Engineering（SRE）として再定義し、エラーバジェットに基づいた運用をする企業も多く出てきています。そういったSREのエラーバジェット定義を行う際にも、クラウド側が提供するSLAが存在することで自社サービスの可用性に対する説明責任を果たしやすくなるでしょう。

1.1.7　全世界へのリージョン展開

　Azureでは世界中に展開されている42リージョンが利用可能で、さらに12リージョンの展開が発表されています（2018年10月現在、図1-5）。これにより、エンドユーザーにより近いリージョンでサービス展開をすることができ、ネットワークレイテンシを軽減したり、リージョン障害の影響を各地域内でおさえることができます。日本では、2014年2月26日から東日本（東京、埼玉）と西日本（大阪）の2つのリージョンが提供されており、国内のみでBCP（Business Continuity Plan）を策定、実現することが可能です。ここ1年では、ヨーロッパのスイス、ノルウェー、中東のUAE（アラブ首長国連邦）に、それぞれ2リージョンを提供予定であることが発表されており、カバー範囲の拡大はより加速しています。

図1-5　Azureのリージョン

1.2 Azureの基本概念と本書で扱うサービス

　本書で扱うサービスを紹介する前に、すべてのサービスの基盤となるAzureを支えるインフラの概念であるジオ、リージョン、そしてリージョン内の構成について説明し、そのあとに取り扱う各サービスについて、概要を説明します。

1.2.1 Azureの基本概念

　前節で、Azureには多くのリージョンがあることを説明しました。このリージョン展開の上位概念に「ジオ」というものがあります。ジオとは、Azureにおける地域分類を指し、どのジオも2つ以上の「リージョン」を含みます（ブラジル南部を除く）。Azureのリージョンは、1つのジオに所属し、3つ以上のゾーン（Availability Zone、AZ）から構成されます（図1-6）。ゾーンには、1つ以上のデータセンターが含まれています。なお、2018年10月時点では、ゾーンは一部のリージョンでのみサポートされており、東日本/西日本リージョンではまだサポートされていません。

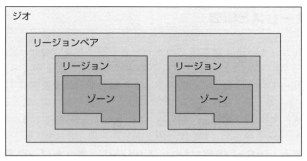

図1-6　Azureのジオ、リージョン、ゾーンの概念図

　また、各リージョンは同じジオ内の別のリージョンとペアになっており、これを「リージョンペア」と呼びます（別のジオにあるリージョンとペアになっているブラジル南部を除く）。リージョンペアは、耐障害性や高可用性が求められるサービスにおいて、その機能に対応するための基盤になるものです。

表1-1　Azureのリージョンペア

ジオ	リージョン	ペアリージョン
日本	東日本	西日本
北米	米国中北部	米国中南部
北米	米国東部	米国西部
北米	米国東部2	米国中部
北米	米国西部2	米国中西部
ヨーロッパ	北ヨーロッパ	西ヨーロッパ
アジア	東南アジア	東アジア
ブラジル	ブラジル南部	米国中南部
カナダ	カナダ中部	カナダ東部
英国	英国西部	英国南部
ドイツ	ドイツ中部	ドイツ北東部
韓国	韓国中部	韓国南部
インド	インド中部	インド南部
インド	インド西部	インド南部
オーストラリア	オーストラリア東部	オーストラリア東南部
オーストラリア	オーストラリア中部	オーストラリア中部2

　リージョンペアの2リージョンで同時にメンテナンスが行われないことが保証されているので、リージョンペア間でシステムバックアップを用意することで、リージョン障害の影響を回避し、災害復旧やBCPを実現することができます。

1.2.2　本書で扱うサービスと概要

前節で解説した通り、Azureでは数多くのサービスが提供されており、その数は年を追うごとに増加しています。残念ながら本書ではそのすべてを扱うことができないため、特にAzureを使う上で知っておいた方がよいものや、より開発や運用を便利にするものについて解説していきます。

本書で扱うサービスをまとめます。

■ AzureのインフラとIaaS ～ 仮想マシン、ストレージ、ネットワーク（第2章）

Azure Virtual Machinesは、Azureが提供する最も基本的なコンピューティングリソースで、LinuxやWindowsの仮想マシンをイメージギャラリーからデプロイできます。Azure Storageは単純なオブジェクトストレージにとどまらず、キューやSMB（Server Message Block）によるファイルサーバーなど、多彩な機能を提供するストレージサービスです。仮想マシンを配置するAzure Virtual Networkは、クラウド上に独自の仮想ネットワークを作り、仮想マシン同士をつなげ、さらに別のネットワークと接続するといった構成を可能にするサービスです。アクセス制御のためのセキュリティ設定なども併せて提供されています。また、仮想マシン上にKubernetesのコンテナーオーケストレーターを展開できるAzure Kubernetes Service（AKS）や、インスタンス不要でコンテナーのみを利用できるAzure Container Instancesもあります。その他、トラフィックを分散するためのAzure Load BalancerやAzure Application Gatewayなどの付加機能も、第2章で解説します。

■ データベース、データ分析、AI（人工知能）、IoT (Internet of Things)（第3章）

Azureでは、単純な仮想マシンやネットワークサービスだけでなく、データベースやデータ分析、AIやIoTのサービスも数多く提供されています。Azure SQL Databaseはフルマネージドの RDBMSサービスで、DTU（データベーストランザクションユニット）によってサービスプランを選択し、それらのサービスプランをダウンタイムなしに変更可能という特徴があります。Azure SQL Data Warehouseは、SQL Serverが提供していたParallel Data Warehouseのクラウド版といえるもので、1台のRDBMSでは処理できない大量データを分析するためのサービスです。Azure Databricks、Azure HDInsightを利用すると、Spark、Hadoop基盤によるデータ分析プラットフォームを構築できます。他にも分析サービスには、リアルタイムデータ処理のためのAzure Stream Analyticsや、機械学習のためのAzure Machine Learning、画像や音声、動画を分析することができるAzure Cognitive Servicesなど、Microsoftが持つ他にはないユニークなサービスが数多くあります。ここ1年の大きなアップデートとして、Sparkベースの分析プラットフォームを提供するAzure Databricksの発表、一般提供（GA）があります。

■ 開発者のためのPaaS ～ Azure App Service、Azure Functions、Azure DevOps（第4章）

昨今では「サーバーレスアーキテクチャ」という言葉に代表されるような、仮想マシンを意識しないシステム開発運用が注目を集めるようになってきました。Azure App ServiceやAzure Functionsは、サーバーレスアーキテクチャのシステム構築に役立つPaaSです。バックエンドサービスから他のAzureサービスとの連携までをカバーでき、特に開発者がAzure

上でアプリケーションを高速に開発運用するためのものです。ここ1年の大きなアップデートとして、クロスプラットフォームのAzure Functionsランタイム2.0の一般提供（GA）があります。これまではWindows環境でしか提供されていなかったPaaSサービスも、徐々にLinux対応が進んでいます。

■ アイデンティティ管理と認証・認可（第5章）

Microsoftの提供する認証基盤といえば、オンプレミスのActive Directoryがよく知られています。クラウド側ではAzure Active Directory（Azure AD）という、マルチテナント対応のクラウドディレクトリサービスが提供されています。オンプレミスとの連携は当然ながら、それ以外にも多要素認証、デバイスの登録管理、パスワードやリソースへのアクセス管理、セキュリティ監査やアラートの機能など、一連のID管理をクラウド上で行うことが可能になるサービスです。さらに、単純に自分たちの組織のID管理を行うにとどまらず、ソーシャル認証を含むコンシューマーIDの管理もカバーし、B2C向けのサービスでもIDを統合管理することが可能になるAzure AD B2Cといったサービスも充実してきています。

■ 地上に広がるハイブリッドクラウド ～ Azure Stack（第6章）

Azure Stackは、Azureと同じ技術をオンプレミスで利用可能にするテクノロジです。Azure Stackではパブリッククラウドである Azureと同一の管理画面およびAPIが提供され、IaaSだけでなくPaaSの機能も搭載されており、オンプレミスとAzureをシームレスにつなげることができます。このAzure Stackを用いることで、場所にとらわれることなく、クラウドの開発モデルや運用が可能な基盤を手に入れることができるでしょう。

1.3 Azureを使い始めるには

Azureを使い始めるには、次の2つのアカウントのいずれかを使用してサインアップする必要があります。

1. Microsoftアカウント
2. 職場または学校アカウント（組織アカウント）

これらのうち、個人で使い始める場合はMicrosoftアカウントによるサインアップを行ってください。MicrosoftアカウントでAzureサブスクリプションを作ることで、Azureの各種機能を利用することが可能になります。企業導入をお考えの方は、読者各位の所属組織で組織アカウントを開設し、組織ユーザーでAzureに登録する流れになります。もし読者各位の所属組織でOffice 365やMicrosoft Intuneが導入されていないという場合は新規に組織としてAzureにサインアップする必要がありますので、下記の資料を参照してください。

参考資料
「方法：Azure Active Directoryに組織としてサインアップする」
https://docs.microsoft.com/azure/active-directory/sign-up-organization

本節では個人向けに、Microsoftアカウントの開設と、Azureの利用を開始するためのいくつかの方法について解説します。すでにMicrosoftアカウントをお持ちの方は、「1.3.2 Azure無料アカウントの開設」から読み進めてください。

1.3.1 Microsoftアカウントの開設

Microsoftアカウントは、メールアドレスによるIDとパスワードの組み合わせで作成することができます。作成には下記の2つのパターンがあります。

- 既存のメールアドレスをMicrosoftアカウントとして使用する
- 新しくメールアドレスを作成してMicrosoftアカウントとして使用する

1. Microsoftアカウントの新規作成ページ（https://signup.live.com/）へアクセスして［アカウントの作成］ページを開きます。

図1-7 ［アカウントの作成］ページ

2. 既存のメールアドレスを使う場合は、そのメールアドレスとパスワードを入力して［次へ］をクリックします。新しくメールアドレスを作成する場合は、［新しいメールアドレスを取得］をクリックし、新しいメールアドレスとパスワードを入力して［次へ］をクリックします。なお、新しくメールアドレスを作成する場合、ドメインはoutlook.jpなどになります。既存のメールアドレスをMicrosoftアカウントとして使う場合は、手順7に進んでください。

図1-8 既存のメールアドレスを使う場合

図1-9 新しくメールアドレスを作成して使う場合

3. 新しくメールアドレスを作成する場合は、［姓］と［名］を入力します。

図1-10　名前の入力

4. 新しくメールアドレスを作成する場合は、［国／地域］と［生年月日］を入力します。

図1-11　その他必要事項の記入

5. 新しくメールアドレスを作成する場合は、［アカウントの作成］画面で、CAPTCHA認証の入力を行います。これはアカウントが機械的に作られるのを防ぐために必要です。

図1-12　CAPTCHA認証の入力

6. ［次へ］をクリックすると、Microsoftアカウントが作成されます。
7. 既存のメールアドレスをMicrosoftアカウントとして使う場合は、メールアドレスの存在確認のために、手順2で入力したメールアドレス宛てにメールが送信されます。送られてきたメールに書かれているセキュリティコードを［メールの確認］画面の［コードの入力］に入力して［次へ］をクリックすると、Microsoftアカウントが作成されます。

図1-13　セキュリティコードの入力

以上で、Microsoftアカウントの作成は完了です。

1.3.2　Azure無料アカウントの開設

　Azureを使うには、Azureサブスクリプションを作成する必要があります。Azureサブスクリプションにはさまざまな種類がありますが、ここでは、Azureを使ったことのない方向けの「Azure無料アカウント」※1と呼ばれるAzureサブスクリプションを作成していきます。
　Azure無料アカウントには、作成後30日間有効な22,500円のAzureクレジット（あらゆる有料のAzureサービス料金に使える無料枠）が含まれています。Azureクレジットを使い切った場合、既定では有料のAzureサービスが停止されるだけであり、課金が発生することはないので安心してください。Azureクレジットを使い切った場合や30日が過ぎた後には、Azure無料アカウントを解約するか、または、従量課金制サブスクリプションにアップグレードすることができます。
　また、Azure無料アカウントには、12か月無料のサービスも含まれています。小規模ですが、有料のAzure Virtual Machines、Azure Storage、Azure SQL Database、Azure Cosmos DBなどを、12か月間無料で利用可能です。
　さらに、Azureには、無料プランがあるサービス（Azure App Serviceなど）や、無料枠を含む有料プランを提供しているサービス（Azure Functionsなど）があります。Azure無料アカウント、従量課金制サブスクリプション、その他のAzureサブスクリプションのどれでも、これらの無料サービスを活用することができます。

※1　https://azure.microsoft.com/free/

それでは、Azure無料アカウントを作成していきましょう。前項で作成したMicrosoftアカウント、クレジットカード、電話番号が必要になりますので、あらかじめ用意しておいてください。

1. WebブラウザーでAzureの無料アカウント作成ページ（https://azure.microsoft.com/free/）へアクセスします。
2. ［無料で始める］リンクをクリックし、Microsoftアカウントでサインインします。アカウントが一時的に使用停止にされている旨のメッセージが表示された場合は、画面の指示に従ってブロックを解除して続けてください。

図1-14　Azureにサインイン

3. ［自分の情報］を入力します。

図1-15　自分の情報の入力

4. 電話による本人確認を行います。携帯電話で確認コードをSMSのテキストメッセージとして受け取り、入力します。SMSを受信できない電話の場合は、音声で確認コードを受け取ることもできます。

図1-16　電話確認

5. 携帯電話による本人確認が終わると、クレジットカード情報を入力できるようになります。注意書きにもあるとおり、明示的に課金処理を有効にしない限り、無料試用版の無料枠を使い切った後や、無料試用版の期間が終了した後に課金されることはありません。

図1-17　クレジットカードによる確認

6. 続いて、サブスクリプション契約、プランの詳細、プライバシーに関する声明に同意したら［サインアップ］リンクが有効化されるので、次へ進むことができます。

図1-18 契約内容等の確認

7. ［サインアップ］をクリックするとサブスクリプションの有効化処理が開始され、下図の画面へ遷移します。［ポータルに移動］をクリックします。

図1-19 サブスクリプションの有効化

8. Azureポータルが表示されたら、サインアップ完了です。

図1-20　サインアップ完了

1.3.3 従量課金以外の購入方法

Azureには、Azure無料アカウント、従量課金制サブスクリプション以外にもいくつかの購入方法があり、用途や要望に応じて選択することができます。

1. Azureインオープンプラン
2. エンタープライズ契約（EA）

Azureインオープンプランライセンスは購入単位ごとの有効期限が12か月のプリペイド式ライセンスで、11,200円単位で購入することができます。足りなくなった場合は追加購入が可能ですが、未使用の残高については失効します。

エンタープライズ契約（EA）は3年間の契約で1年ごとに支払いをするプランです。企業導入において複数のアカウントやサブスクリプションを管理するためのエンタープライズポータルを利用でき、割引を受けることができます。

また、マイクロソフトのパートナーであるクラウドソリューションプロバイダー（CSP）からAzureを購入することも可能です。

Azureを利用するには、通常の従量課金や前払い、エンタープライズ契約、CSPの他にも、開発者向けのプログラムが存在します。

1.3.4 Visual Studioサブスクリプション

Visual Studioサブスクリプション（旧称MSDNサブスクリプション）[※2]は、IDE「Visual

※2　https://www.visualstudio.com/subscriptions/

Studio」、開発者向けサービス「Azure DevOps」、開発/テスト用のMicrosoft製品群などを利用できる、年単位または月単位で購入できるサブスクリプション契約です。Visual Studioサブスクリプションには、プランに応じて毎月6,000円から17,000円のAzureクレジット（あらゆる有料のAzureサービス料金に使える無料枠）が提供されており、開発/テスト用途に使うことができます[※3]。Visual Studioサブスクリプションをお持ちの方は、Azureクレジットを活用してください。

1.4 料金の考え方

Azureのサービス利用は基本的に従量課金であり、サービスを利用した分だけ支払いが発生する仕組みになっています。しかしながら、前節で触れたようにAzureサブスクリプションの種類は通常のクレジットカード登録による従量課金以外にも複数存在しており、料金の考え方が異なる部分があります。本節では、Azureサブスクリプションの種類や確認方法について解説します。

1.4.1 課金対象

Azureの利用料金は、基本的に使用時間単位、または使用量単位の従量課金モデルです。よく利用される仮想マシンサービスであるAzure Virtual Machinesの場合、課金対象となるのは下記の4点です。

- インスタンス稼働時間
- ストレージ使用量
- ストレージトランザクション量
- データ転送量（ダウンロードのみ）

図1-21 Azure Virtual Machinesの課金対象

Azure Virtual Machinesに限らず、各サービスにはそれぞれ単価が設定されており、Azure

※3 https://azure.microsoft.com/pricing/member-offers/credit-for-visual-studio-subscribers/

の価格ページ※4でいつでも確認することができます。

1.4.2 利用料金の確認

Azureの利用料金を確認するには、Azureポータルの［サブスクリプション］メニューから、それぞれのサブスクリプションやリソースグループの利用状況を表示します（図1-22、図1-23）。

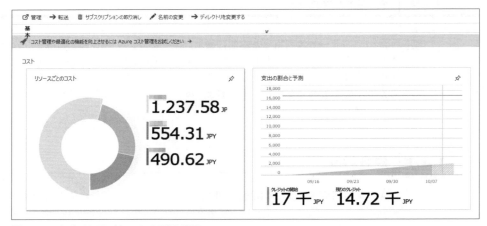

図1-22　サブスクリプションの利用状況

図1-23　リソースごとの利用状況

これらの情報は、Azure Billing API※5を使うとプログラムから参照することが可能です。

※4　https://azure.microsoft.com/pricing/
※5　https://docs.microsoft.com/azure/billing/billing-usage-rate-card-overview

Azureを企業導入している場合、よくあるのが「部門やシステムごとでどの程度費用が掛かっているか確認したい」というものです。Azureは図1-24のような階層構造を作ることができ、各階層で費用を把握することが可能です。

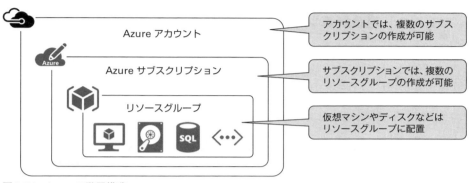

図1-24　Azureの階層構造

　例えば、企業全体予算から各部門に配分して確認できるようにしたい場合は、図1-24のようなサブスクリプションを分けた形で階層を設計するとよいでしょう。

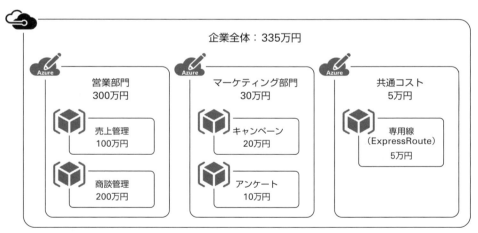

図1-25　Azureの費用の階層構造

　さらに、Azureでは各リソースに任意のタグを指定することができ、そのタグ情報は課金明細にも記録されます。リソースの中でもさらに役割や用途、担当者で分けたいといった要望がある場合は、タグを活用するとよいでしょう。エンタープライズ契約（EA）でAzureを利用している場合、課金情報はエンタープライズポータルもしくはリセラー各社から提供されるレポートに含まれていますので、各リセラーに確認してください。また、エンタープライズ契約向けのReporting APIを使うこともできます。詳しくは次の資料を参照してください。

> **参考資料**
> 「企業ユーザー向けの Reporting API の概要」
> https://docs.microsoft.com/azure/billing/billing-enterprise-api

1.4.3 料金計算ツール

　Azureでは、使用量に応じた概算見積もりを取得できる料金計算ツール[※6]を提供しています。このツールは誰でもWebブラウザーから利用することができるので、利用する機能とワークロードにかかる費用を見積もりたい場合に便利です。

1.5 サポート、フォーラム、コミュニティ

　Azureを使ううちに、「こういう時はどうしたらいいのだろう」「問題があるのだけどどこに聞いたらいいのだろう」といったことを思うことは多いはずです。本節では、Azureを利用する上で欠かせないサポートやフォーラム、コミュニティの情報をまとめます。

1.5.1 サポート

　AzureサポートはMicrosoftが提供しているAzureサポート窓口で、次の5つのプランがあります。

- 基本（無料）
- 開発者
- 標準
- プロフェッショナルダイレクト
- プレミア

　Azureでは、Microsoftのサポートエンジニアによるサポートが提供されており、各プランで設定されている応答時間に基づいて対応が行われます。開発者サポート以下のプランでは問い合わせ重要度を設定することができないので、本番環境で運用する場合、特に障害の調査切り分けなどの対応を視野に入れる場合は、標準サポート以上のプランを契約することを推奨します。プロフェッショナルダイレクト以上のプランにはアドバイザリサービスが付きます。プレミアでは専属のテクニカルアカウントマネージャー（TAM）が付き、インフラ設計レビューやコードレビューを含めた高度なサポートを受けることが可能です。それぞれのサポート内容の詳細は、Azureのサポートサイト[※7]で確認できます。

※6　https://azure.microsoft.com/pricing/calculator/
※7　https://azure.microsoft.com/support/plans/

1.5.2 コミュニティサポート

Azureに関する質問は、前述のサポート以外にも「MSDNフォーラム」や「Stack Overflow」など、複数の場所でサポートされています。Azureコミュニティサポート[※8]にアクセスすると、それぞれのサイトへのリンクがあります。

図1-26　Azureフォーラム

■ MSDNフォーラム

https://aka.ms/AzureForumJP

日本語のフォーラムで、Microsoftアカウントを持っていれば誰でも投稿することができます。特にMicrosoft MVPやMicrosoft社員からの回答が得られるケースが多く、信頼度の高いナレッジが蓄積されています。

■ Stack Overflow

英語版：http://stackoverflow.com/questions/tagged/azure

日本語版：http://ja.stackoverflow.com/questions/tagged/azure

日本語版もありますが、英語版の方がより活発です。Stack Overflowにログイン可能なアカウント（ソーシャル連携もしくはStack Overflowアカウント）があれば投稿可能です。ただしこちらはMicrosoftが公式に対応しているものではありません。

■ Twitterアカウント

Twitterの@AzureSupportアカウントは、疑問に対して適切な情報ポインターを提供することを目的に運営されています。ただし、現状では英語がメインです。

※8　https://azure.microsoft.com/support/community/

■| **Microsoft Tech Community**

https://techcommunity.microsoft.com/t5/Azure/ct-p/Azure

Microsoftが運営するコミュニティで、こちらは製品ごと（例えばAzure、Office 365、Windows 10）に大きく枠が分けられており、その下に投稿が集まっています。こちらも、現状では英語がメインです。

■| **Reddit**

https://www.reddit.com/r/AZURE/

英語圏で人気のWebサイトで、こちらにもAzureの投稿を集めることを主としたページが設けられているので、情報を探す場合はこちらも参考にするとよいでしょう。ただしStack Overflowと同様に、こちらもMicrosoftが公式に対応しているものではありません。

1.5.3 コミュニティ

Azureユーザー同士が集まり、カンファレンスを開催して情報交換するコミュニティとしてJAZUG（Japan Azure User Group）[9]があります。日本全国各地で活動があり、Facebookグループが作られています。参加に特段の制限はありません。2018年10月現在では、下記の地域で結成されています。

表1-2　日本各地のJAZUG

地域	URL
JAZUG札幌（きたあず）	https://www.facebook.com/groups/jazugsapporo/
JAZUG青森	https://www.facebook.com/groups/jazug.aomori/
JAZUG仙台	https://www.facebook.com/groups/sendai.jazug/
JAZUG福島	https://www.facebook.com/groups/fukushima.jazug/
JAZUG北陸	https://www.facebook.com/groups/jazug.hokuriku/
JAZUG静岡	https://www.facebook.com/groups/jazshizu/
JAZUG名古屋（なごあず）	https://www.facebook.com/groups/75azu/
JAZUG信州	https://www.facebook.com/groups/jazug.shinshu/
JAZUG関西（関西Azure研究会）	https://www.facebook.com/groups/kansaiazure/
JAZUG福岡（ふくあず）	https://www.facebook.com/groups/fukuazu/
JAZUG熊本（くまあず）	https://www.facebook.com/groups/kumaazu/
JAZUG沖縄	https://www.facebook.com/groups/jazugokinawa/

その他、さらに先端技術について活発に情報交換が行われる場として、Tokyo Azure Meetup[10]が開催されています。こちらは英語がメインですが、Azureの先端技術についてもう一段レベルを上げていくにはとても良い場です。

---

[9] http://r.jazug.jp/

[10] http://www.meetup.com/Tokyo-Azure-Meetup/

第2章
AzureのインフラとIaaS
～ 仮想マシン、ストレージ、ネットワーク

Azureは仮想マシンから機械学習まで、幅広いサービスを有しています。本章では、それらの基礎となるインフラストラクチャとIaaSサービスを解説します。

2.1 Azureインフラの基礎

インフラストラクチャの3大要素である仮想マシン、ストレージ、ネットワークを中心に解説を進めます。まず、AzureにおけるIaaSの位置づけと概念について理解しましょう。

2.1.1 Azure IaaS概要

Azureは、2008年に「Windows Azure」という名称でPaaSとして産声を上げたサービスです。そのため、PaaSのイメージが強いかもしれません。ですが、2013年に一般提供(GA)になったIaaSも、大幅な進化を遂げています。

クラウドの大きなメリットのひとつは省力化です。それを追及するとき、インフラの構築と維持から解放されるPaaSやマネージドサービスはとても魅力的な選択肢です。では、あえてIaaSを使う意味とは何でしょうか。

■ 従来型アプリケーションの受け皿として

"Lift & Shift"と表現されることもあります。既存システムを、なるべくアプリの作りを変えずにクラウドへ移行するアプローチです。PaaSのモデル、制約に合わせてアプリを書き換える時間や予算がない場合、有力な選択肢と言えます。IT資産のオフバランス化が代表的なメリットです。

■ イノベーティブな用途に

PaaSでは、ベンダーの提供する標準的な部品やフレームワークを活用します。新たに考え

ること、作ることを減らし、楽ができます。一方で、その枠に収まらないケースもあります。例えばオープンソースなど、進化の著しい技術を使いたい、標準化やベンダーの提供スピードに満足できないという場合や、ベンダーが提供するサービス仕様より細かく制御が必要な場合などです。そのような状況では、インフラが見えていると融通が利きます。

■ PaaS/SaaSを動かす基盤として

最終的に作りたい、使いたいものがPaaS/SaaSであっても、それを動かす基盤が必要です。そして、規模が大きく、変化が激しくなればなるほど、それを支えるインフラの使い勝手は重要になります。

IaaS利用者はもちろん、PaaS利用者でも、その基盤であるIaaSの基礎技術を理解する価値はあります。そこで本章では、AzureのIaaSがどのような技術で構成されているのかを見ていきましょう。章末で、IaaSとPaaSの使い分けについても触れます。

2.1.2 Azure Resource Managerモデルとは

Azure IaaSには2つのモデルがあります。クラシックとResource Managerです。クラシックはResource Manager提供以前からのユーザーのためという位置づけであり、これからAzureを使い始めるユーザーには、Resource Managerモデルが推奨されています。それぞれV1、V2と表現されることもあります。本書ではクラシックの解説を割愛し、Resource Managerに絞ります。

Resource ManagerはARM（Azure Resource Manager）と略されることもあります。対して、クラシックの略称はASM（Azure Service Manager）です。ドキュメントやサンプルを読む際には、どちらであるかを意識してください。各サービス、ドキュメントのほぼすべてはARM対応を完了しましたが、まだASMベースのものもごく一部残っています。

表2-1 クラシックとResource Managerの比較

	クラシック	Resource Manager
略称	ASM（Azure Service Manager）	ARM（Azure Resource Manager）
バージョン	V1	V2
設定ファイル形式	XML	JSON
GUI	クラシックポータル中心	Azureポータル
位置づけ	既存ユーザーの投資保護	推奨

■ Resource Managerモデルの概念

では早速、Resource Managerの概念を解説します。

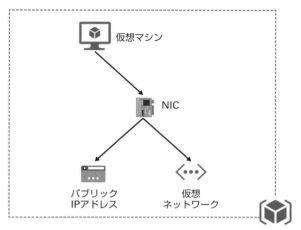

図2-1　Resource Managerモデル概念図

　上図は、シンプルな仮想マシン環境をResource Managerモデルで表現したものです。Resource Managerモデルには、以下の特徴があります。

■ Azureの各構成要素をリソースとして扱う

　仮想マシン、仮想ネットワーク、NIC、IPアドレスなど、Azureの構成要素それぞれを「リソース」として表現します。

■ リソースの依存関係を定義できる

　システムは通常、複数のリソースの組み合わせで構成されます。そして、リソース間には依存関係があります。例えば仮想マシン（VM）は、通信のためにNIC（Network Interface Card）が必要です。そしてインターネットに接続するNICには、パブリックIPアドレスを紐づけなければいけません。前提となるリソースがない状態では、当然ながらデプロイに失敗します。この問題は、「リソースAを作る際、先にリソースBが必要」という依存関係を定義することで解決できます。

■ リソースは論理的なグループに属する

　Resource Managerモデルでは、リソースは必ず論理的なグループに属します。このグループを「リソースグループ」と呼びます。組織、プロジェクト、本番/ステージング/開発など、グループの切り口はユーザーが自由に設定することができます。デプロイや廃棄などの操作が一括して行えるようになり、負担が軽減されます。設定ファイルの見通しも良くなります。あくまで論理的なグループなので、1つのリソースグループに、物理的な配置場所が離れた複数リージョンのリソースをまとめてもかまいません。

■ リソースはURIで表現される

　各リソースはURIで表現されます。次の例は、サブスクリプション「azurebook」、リソースグループ「RG01」に属するNIC「nic01」の場合です。

```
https://management.azure.com/subscriptions/azurebook/resourceGroups/
RG01/providers/Microsoft.Network/networkInterfaces/nic01
```

■ リソースごとに権限を割り当てることができる

いわゆるRBAC（ロールベースのアクセス制御）がサポートされています。つまり、リソースごとに、役割別の権限を割り当てることができます。極端な例ですが、「NIC参照者」という役割を作り、特定のNICだけ参照可能とする、などという設定も可能です。

■ Resource Managerモデルの目的

このように、Resource Managerモデルにはさまざまな特徴があり、以下のような効果を狙っています。

- いわゆる"決め打ち"の構成ではなく、より柔軟に、きめ細かくリソースを利用できるようにする。
- 複雑な処理手順や手続きではなく、リソースグループのあるべき姿を宣言的に表現し、デプロイ、更新、削除を容易にする。
- リソースグループを単位とした運用をしやすくする（組織ごとの利用料把握など）。

なお、Resource ManagerモデルはIaaSだけでなく、データベースサービスなどのPaaSリソースもサポートしており、考え方は同様です。Azure全体のリソース管理モデルと理解してください。

参考資料

「Azure Resource Managerとクラシックデプロイ：デプロイモデルとリソースの状態について」
https://docs.microsoft.com/azure/azure-resource-manager/resource-manager-deployment-model

2.1.3 本章の進め方

IaaSというと、どうしても仮想マシンから考えてしまいがちです。ですが、先にその土台となるネットワーク、ストレージから理解したほうが、腑に落ちやすいと筆者は考えています。

Azureでは、Azureポータルからウィザード形式で仮想マシンをデプロイできます。作業の順序で迷うことはないでしょう。ですが、作業中に多種のネットワークやストレージ関連のパラメーターを指定しなければいけません。もちろんその多くには既定値や推奨値が設定されているのですが、理解が浅いまま進めてしまうと、"モヤモヤ感"を引きずったままその環境を使うことになります。後から「こんなはずじゃなかった、作り直し」となりかねません。所属組織のセキュリティポリシーに合わない設定をしてしまうリスクもあります。

そこで、まずネットワーク、ストレージを説明してから、仮想マシンの解説に進みます。

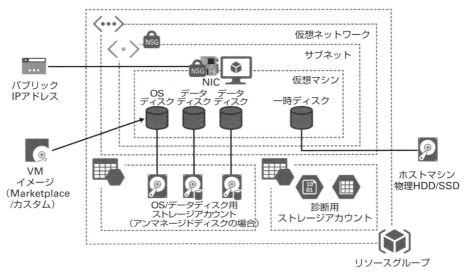

図2-2　Azure IaaS仮想マシン関連アーキテクチャ

まずは、上図で全体のイメージをつかんでください。詳しくは順を追って説明します。

2.2 ネットワーク

一度作った後に変更しづらいインフラの代表は、ネットワークです。構成要素や特徴を理解し、自信を持って設計できるようにしましょう。

2.2.1 概念と基本機能

Azureのネットワークは、広帯域な物理接続を論理的に分割した共有ネットワークです。ユーザーが高い自由度で、かつ、迅速にネットワークを構成できるよう、徹底的にソフトウェアで実装され、制御されています。例えば、多くのユーザーが使いたいプライベートアドレス空間10.0.0.0/16は、他のユーザーやプロジェクトと重複していても利用できます。そして、その中に2つのサブネット10.0.0.0/24、10.0.1.0/24を迅速に、APIやAzureポータルを通じて作ることができます。物理ネットワークでの結線作業にあたる、サブネットへのNICの関連付けも即時です。ファイアウォールやロードバランサーなど付加機能も同様です。

ネットワークをソフトウェアで柔軟に、迅速に制御しようというSDN（Software Defined Network）、さまざまなネットワーク装置機能を汎用サーバー上のソフトウェアで実装しようというNFV（Network Functions Virtualization）という考え方があります。Azureはそれを実現していると言えるでしょう。

では、各要素を詳しく解説していきます。

2.2.2 仮想ネットワークとサブネット

Azureにおけるネットワークの基本は、仮想ネットワーク（Azure Virtual Network）です。よく「VNET」と略されるもので、ユーザーが高い自由度で設計できるプライベートネットワークです。仮想ネットワークは特定のリージョンに配置され、リージョン内に複数の仮想ネットワークを作ることができます。一方、複数のリージョンを1つの仮想ネットワークでまたぐことはできません。必要に応じて仮想ネットワーク間を接続します。

RFC 1918で定義されているプライベートアドレス空間はもちろん、パブリックアドレス空間も利用できます。なお、パブリックアドレス空間を使った場合でも、インターネットから直接アクセスすることはできません。

ただし、以下のアドレス空間は許可されていません。

- 224.0.0.0/4（マルチキャスト）
- 255.255.255.255/32（ブロードキャスト）
- 127.0.0.0/8（ループバック）
- 169.254.0.0/16（リンクローカル）
- 168.63.129.16/32（内部DNS）

参考資料

「仮想ネットワークの作成、変更、削除」
https://docs.microsoft.com/azure/virtual-network/manage-virtual-network

定義したアドレス空間に、サブネットを作成します。筆者の印象では、「業務用」「バックアップ用」「運用管理用」といった用途視点ではなく、通信の拒否/許可パターンでセキュリティ視点から分割するのが設計のトレンドです。後述するNSG（ネットワークセキュリティグループ）をサブネットに設定することで、それを実現します。

サブネット内外の通信は、AzureのSDNが持つスイッチング/ルーティング機能を通じて行われます。そして、インターネットとの通信は、別途パブリックIPアドレスを付与し、NATで実現されています。NATはAzureの標準機能なので、ユーザーがNAT用の仮想マシンを作る必要はありません。

また、インターネット向け通信がアウトバウンドのみであれば、パブリックIPアドレスを明示的に付与する必要もありません。Azureが標準サービスとして提供するSNATが一時的にパブリックIPアドレスを割り当てます。例えば「インターネットからのインバウンド通信は不要だが、OSのアップデートリポジトリにアウトバウンドでアクセスしたい」というケースでは、ユーザーがパブリックIPアドレスを設定、管理せずに済みます。

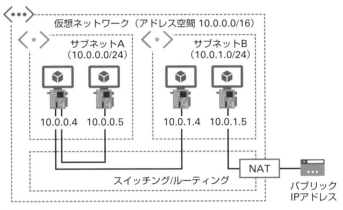

図2-3　Azureネットワークの基本、仮想ネットワーク

2.2.3　外部接続

　システムをAzureの単一リージョン（東日本など）のみで動かし、接続する外部ネットワークがインターネットのみである場合、仮想ネットワークの設計はそれほど難しくありません。アドレス空間と各サブネットに十分なIPアドレスがあることが重要なポイントです。

　ですが、他のリージョンやオンプレミスなど他のネットワークとの接続が要件であれば、考慮点が増えます。その理由は大きく以下の2つです。

1. 仮想ネットワークはリージョンに閉じている。リージョン間の通信には後述するグローバルVNETピアリングが必要。
2. オンプレミスや他ネットワークに接続する場合は、当然ながらアドレス空間が重複しないよう、事前に調査、検討が必要。

　他のネットワークと接続する場合は、ゲートウェイサブネットとゲートウェイを作成します。

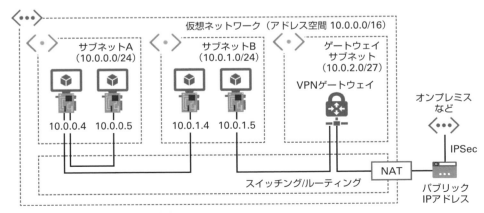

図2-4　外部ネットワークとの接続

これが複数ネットワーク接続の基本的な考え方です。前掲図はインターネットを通じたサイト間通信である「S2S（Site-to-Site）VPN」の例ですが、クライアントコンピューターとの「P2S（Point-to-Site）VPN」、通信事業者の閉域網を使った接続サービス「Azure Express Route」も、概念は同じです。

　同じリージョン内で複数の仮想ネットワークをゲートウェイなしで接続することができます。これを「VNETピアリング」と呼びます。また、2018年3月に、異なるリージョンにある仮想ネットワーク間のピアリング（グローバルVNETピアリング）が、一般提供（GA）になりました。

2.2.4　IPアドレスの割り当て

　仮想マシン、正確には「仮想マシンに割り当てるNIC」に対して、配置先仮想ネットワークのアドレス空間、サブネット定義に応じ、DHCPでIPアドレスが割り当てられます。

図2-5　DHCPの設定

　上図はNICのIPアドレス設定例です。パブリックIPアドレスを有効にすると、パブリックIPアドレスの紐づけとNATの設定が行われます。

　常に同じIPアドレスを払い出す静的割り当ても、選択可能です。DHCPで同じIPアドレスが割り当てられます。なお、Azureではメンテナンスやマイグレーションの際、仮想マシンがAzureホスト（物理ホスト）を移動するケースがあります。その場合、仮想マシンのハードウェア、NICが再構成されます。よって仮想マシンのゲストOSネットワーク設定はNICを静的に設定せず、DHCPとしてください。前述のとおり、DHCPでも同じIPアドレスが割り当てられますので、心配は不要です。

　ちなみに、MACアドレスは固定されます。

■│MACアドレスの固定

　先ほど触れたようにAzureには仮想マシンの再デプロイ機能があり、実行中の仮想マシンを他のAzureホストで再起動できます。

図2-6　仮想マシンの再デプロイ

　この機能を使って、ハードウェア構成が変わってもMACアドレスが固定されていることを確認してみましょう。

■ 再デプロイ前

```
PS C:¥Users¥azureuser> ipconfig /all
［必要な情報のみ抽出］
Ethernet adapter Ethernet:
   Connection-specific DNS Suffix  . : 1ofx23mrsrau4lyv5tqhste6dc.mx.internal.cloudapp.net
   Description . . . . . . . . . . . : Microsoft Hyper-V Network Adapter
   Physical Address. . . . . . . . . : 00-0D-3A-40-49-43
   DHCP Enabled. . . . . . . . . . . : Yes
   Autoconfiguration Enabled . . . . : Yes
   IPv4 Address. . . . . . . . . . . : 10.0.0.4(Preferred)
   Lease Obtained. . . . . . . . . . : Tuesday, October 9, 2018 4:56:43 AM
```

■ 再デプロイ後

```
PS C:¥Users¥azureuser> ipconfig /all
［必要な情報のみ抽出］
Ethernet adapter Ethernet:
   Connection-specific DNS Suffix  . : 1ofx23mrsrau4lyv5tqhste6dc.mx.internal.cloudapp.net
   Description . . . . . . . . . . . : Microsoft Hyper-V Network Adapter
   Physical Address. . . . . . . . . : 00-0D-3A-40-49-43
   DHCP Enabled. . . . . . . . . . . : Yes
   Autoconfiguration Enabled . . . . : Yes
   IPv4 Address. . . . . . . . . . . : 10.0.0.4(Preferred)
   Lease Obtained. . . . . . . . . . : Tuesday, October 9, 2018 5:12:26 AM
```

　MACアドレス（Physical Address）が変わっていないことがわかります。

2.2.5 名前解決

Azureの仮想ネットワークでは、Azureが提供する既定の内部DNS、もしくはユーザー指定のカスタムDNSが利用できます。

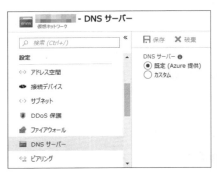

図2-7 DNSの指定

上図は仮想ネットワークのDNS設定画面です。その仮想ネットワーク配下にNICが作成された際、設定が継承されます。加えて、NICに対しても同様にDNSの指定ができます。NICに対して指定した場合は、仮想ネットワークで指定したDNSサーバーよりも優先されます。

Azureが提供する既定のDNSは、同一仮想ネットワークとインターネット上の公開ホストの名前解決を行えます。しかし、他の仮想ネットワーク上のホストの名前解決はできません。

また、任意のレコードの追加ができないため、単一の仮想ネットワークでの運用に限って使うのがよいでしょう。複数の仮想ネットワークをつなげた運用や、他ネットワーク上の名前解決が必要な場合は、カスタムDNSを指定し、カスタムDNS側で複製や転送などの各種設定を行ってください。

■ 同一仮想ネットワーク内で既定のDNSによる名前解決

仮想ネットワークに2つのサブネット（10.0.0.0/16、10.1.0.0/16）を作成し、LinuxとWindowsの仮想マシンを配置しました。それぞれで**nslookup**を実行した結果は以下のとおりです。

```
azureuser@linux01:~$ nslookup windows01
Server:         168.63.129.16
Address:        168.63.129.16#53
Name:   windows01.1ofx23mrsrau4lyv5tqhste6dc.mx.internal.cloudapp.net
Address: 10.1.0.4
```

```
PS C:¥Users¥azureuser> nslookup linux01
Server:  UnKnown
Address:  168.63.129.16
Name:    linux01.1ofx23mrsrau4lyv5tqhste6dc.mx.internal.cloudapp.net
Address:  10.0.0.4
```

どちらの仮想マシンも、既定のDNSの特別なIPアドレス168.63.129.16へ問い合わせを行っています。仮想ネットワークに対し、ドメインサフィックスは1ofx23mrsrau4lyv5tqhste6dc.mx.internal.cloudapp.netが割り当てられ、同じ仮想ネットワーク内であれば、ホスト名で名前解決できることがわかります。

2.2.6 パケットフィルタリング（NSG）

Azureにおけるネットワークセキュリティの基本は、IPアドレスとポート番号、プロトコルによるパケットフィルタリングです。パケットフィルタリングの規則を束ねたNSG（ネットワークセキュリティグループ）で、拒否／許可を指定します。

図2-8　NSG受信セキュリティ規則の設定

NSGには複数の規則を受信／送信別に指定でき、優先度順に処理されます。ソース（発信元）をCIDRブロックで限定できる場合は指定し、できる限り厳密に、必要な通信のみ許可するようにしましょう。

なお、すべてのNSGに既定のルール一式が含まれています。例えば、非常に低い優先度「65500」で、すべての通信を拒否する受信の既定ルールがあらかじめ定義されています。これより優先度の高いルールで許可されていないトラフィックは、最終的に拒否されます。必要な通信は、それより高い優先度で、明示的に許可してください。

> **参考資料**
> 「Azure仮想ネットワークを計画する」の「トラフィックのフィルター処理」
> https://docs.microsoft.com/ja-jp/azure/virtual-network/virtual-network-vnet-plan-design-arm#traffic-filtering

NSGはサブネットとNICに指定できます。多層防御の観点からは、両方に指定するほうがリスクを軽減できます。前述したとおり、サブネットは拒否/許可の通信パターンをもとに設計されるケースが多いため、ネットワーク作成時にサブネット全体の規則を適用し、加えて、必要に応じて仮想マシン作成時に仮想マシン（NIC）個別の規則も適用することをお勧めします。

2.2.7 DDoS防御およびL7セキュリティ

Azureは内部的にL4までのDDoS（分散サービス拒否）攻撃を検知し、緩和する仕組み（無料のAzure DDoS Protection Basic）を持っています。これは共有ネットワーク全体に適用され、ユーザーがそれを意識することはありません。また、有料のAzure DDoS Protection Standardを使って、仮想ネットワークに対してより高度なDDoS保護機能を有効化することもできます。

ですが本質的に、DDoSは悪意のないアクセス急増との違いが判別しにくいものです。メディアで好意的に取り上げられ、アクセス数が急増することもあります。なので、システム自体のスケーラビリティを上げることも考慮してください。その際、ユーザーに近い場所でクッションになり、負荷を吸収してくれるCDN（Content Delivery Network）の活用は効果的です。

なお、Azureはサービス事業者として、ユーザーの通信の内容を見ることができません。L7、アプリケーションレベルのセキュリティはユーザー自身が確保しなければなりません。フレームワークの強制などアプリケーションレベルでの対応や、後で触れるWAF（Web Application Firewall）の活用を検討してください。Azure Marketplaceで多くの仮想アプライアンスが提供されています。

2.2.8 その他の付加機能

その他にも、ネットワークの付加機能は数多くあります。要件に応じて検討してください。

■ L4ロードバランサー（Azure Load Balancer）

仮想マシンへのトラフィックをL4で分散し、スケーラビリティと可用性を高めます。5タプル（ソースIP、ソースポート、接続先IP、接続先ポート、およびプロトコルの種類）のハッシュを使用して、使用可能なサーバーにトラフィックをマップします。シンプルですがAzureの大規模環境で鍛えられた実績あるサービスです。トラフィックの急増に対しても事前申請（いわゆる"暖機申請"）がなくてもスケールします。

■ L7ロードバランサー（Azure Application Gateway）

L4のAzure Load Balancerでカバーされない、L7での負荷分散を提供します。Cookieベースのセッションアフィニティ、SSLオフロード、URLベースのコンテンツルーティングが主な機能です。アプライアンスほど機能豊富ではありませんが、WAF機能も利用できます。

■ グローバルロードバランサー（Azure Traffic Manager）

DNSベースのグローバルロードバランサーです。Azureの複数リージョンでシステムを運用している場合、アクセスしたユーザーからネットワークの応答時間が短いリージョンにトラフィックを転送します。可用性向上、災害復旧（DR）にも有用です。

■ DNS（Azure DNS）

仮想ネットワークの説明で触れた既定のDNSはあくまで内部向けであり、任意のレコードが追加できない簡易機能でした。ユーザーがゾーンとレコードを定義できる、DNSのマネージドサービスとしての「Azure DNS」が、別途提供されています。

2.3 ストレージ

それでは、システムを支えるもうひとつの土台、ストレージを見ていきましょう。

2.3.1 概念と基本機能

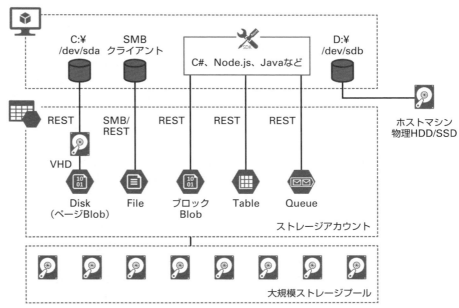

図2-9 ストレージサービスの概念

■ ストレージアカウント

Azureのストレージサービス（Azure Storage）には、「ストレージアカウント」と呼ばれる

概念があります。Azureには仮想マシン用の仮想ディスク、共有ファイルサービス、キー／バリュー形式のテーブル、メッセージキューなどさまざまなストレージサービスがありますが、それらを使うための基本設定と考えてください。

図2-10　ストレージアカウントの作成時パラメーター

　ストレージサービスには、Azure Virtual Networkからだけでなく、インターネットからもアクセスできます。よって、インターネット上で一意になるように名前をつけなければなりません。ストレージのサフィックスは「.core.windows.net」であり、例えば「azurebook.blob.core.windows.net」のように、ストレージアカウント名とサービス名がサフィックスの前につきます。ユーザーが指定するのはストレージアカウント名のみです。ストレージアカウント名は、文字数が3～24で、英小文字と数字のみという制約があります。
　［アカウントの種類］は、汎用v2、汎用v1、Blobストレージの3種類から選択できます。最新の汎用v2を推奨します。
　［パフォーマンス］は、ドライブの種類です。StandardではHDD（磁気ディスク）、PremiumではSSDが使われます。
　［レプリケーション］は、データの複製レベルについてのオプションです。Azureは書き込まれるデータに対し、標準で3つのレプリカを持ちます。LRS（ローカル冗長ストレージ）はリージョン内のみで3つのレプリカを持ちます。ZRS（ゾーン冗長ストレージ）では、リージョン内の3つのゾーン（AZ）にわたって3つのレプリカを持ちます。GRS（地理冗長ストレージ）はさらにペアリージョンにも3つ、合計6つのレプリカを作成します。このように複製のレベルを選択することができます。ペアリージョンは第1章で説明したとおり、東日本リージョンと西日本リージョンなど、あらかじめ決められています。
　リージョン間の複製は非同期で行われます。したがって、「複製先リージョンで複製元のトランザクションをすべて失うことなく復元する」という要件では使いにくいですが、そこまで厳しい要件でなければ、災害復旧（DR）用途で十分使えるでしょう。
　なお、GRSにおけるペアリージョンへの切り替えは、Azureサービス側の判断で実行されます。ユーザーがアクセス先を変える必要はありません。GRSでは、複製先リージョンのストレージにはアクセスできません。もし任意のタイミングで複製先リージョンのデータにアクセスする必要がある場合は、RA-GRS（読み取りアクセス地理冗長ストレージ）でストレー

ジアカウントを作成してください。「azurebook-secondary.blob.core.windows.net」のように「-secondary」を指定して読み取ることができます。複製先への書き込みはできません。

標準で3つのレプリカを持つため、仮想マシン側でさらに複数のディスクを束ねるソフトウェアRAID構成は、ディスク障害からの保護が目的であれば過剰投資になりかねません。ですが、性能向上のためのストライピングであれば合理的です。また、ディスク障害ではなく、アプリケーションのバグや作業ミスによるデータ消失に備え、別ドライブにバックアップすることも妥当な設計です。

では、それぞれのストレージサービスの概要を説明します。

■ Disk（ページBlob）

仮想マシンにアタッチする仮想ディスク（VHD）用ストレージです。従来は「ページBlob」と呼ばれていました。ランダムアクセス向けです。IaaSとしてAzureを使うケースでは、ストレージの主役と言っていいでしょう。マネージドディスク（管理ディスク）とアンマネージドディスク（非管理ディスク）があります。後ほど詳細を解説します。

■ Blob（ブロックBlob）

いわゆるオブジェクトストレージです。複数のブロックを並列アップロードできるなど、大容量ファイルのシーケンシャルアクセスに向きます。Blobのアクセス頻度（ホット、クール、アーカイブ）による使い分けができます。

- ホット：可用性99.9%、アクセスコスト低、容量単価高
- クール：可用性99%、アクセスコスト中、容量単価中
- アーカイブ：可用性SLAなし、アクセスコスト高、容量単価低

生成直後で頻繁にアクセスされるデータはホットに置き、時間がたってアクセス頻度が下がってきたらクール、そしてアーカイブに移す、という運用をすることで、コストを最適化できます。

■ Table

キー/バリュー形式のデータストアです。RDBMSほどの機能は不要で、シンプルに表形式のデータへアクセスしたいケースで有用です。NoSQLデータベースサービスのAzure Cosmos DBが、Table Storage互換のキー/バリューストアサービスを提供しているので、Azure Cosmos DBの利用を推奨します。

■ Queue

コンポーネント間の非同期通信に使うキューサービスです。スケーラビリティの高いシステムを作る際の定番機能と言っていいでしょう。

■ File

SMBインターフェイスを持つファイル共有サービスです。ファイルサーバーの運用負荷から解放されます。RESTインターフェイスも有するため、SMBプロトコルを許可できないネットワーク、クライアントからもアクセスすることができます。

2.3.2 アンマネージドディスクの設計時の考慮点

ストレージ設計の考慮点は、スケーラビリティと性能です。IaaSにおいては、仮想マシン向けのアンマネージドディスク（ページBlob）を置くストレージアカウントで特に注意が必要です。

Azureは多数のユーザーが共有する大規模なサービスです。特定ユーザーの負荷が他のユーザーに与える影響を限定するため、各種の上限を設けています。仮想マシン向けストレージであれば、特にIOPS（IO Per Second、1秒あたりのIOの回数）の上限値を意識しましょう。

例えば、Standardストレージでは、ストレージアカウントのIOPSの上限は20,000です。そしてDisk（ページBlob）あたりのIOPSの上限は500です。ということは、1つのストレージアカウントに仮想マシン向けディスクを40個以上作ると、Diskあたりのターゲット IOPSを達成できない恐れがあります。この制約に達しそうなときは、ストレージアカウントを追加して負荷を分散するか、ターゲットIOPSのより高いPremiumストレージの利用を検討してください。

参考資料
「Azure Storageのスケーラビリティおよびパフォーマンスのターゲット」
https://docs.microsoft.com/azure/storage/common/storage-scalability-targets

とはいえ、面倒なことはあまり考えたくありません。Azureがうまく抽象化してくれないものでしょうか。そのようなニーズを受けて2017年に提供されたのが、マネージドディスクです。

2.3.3 マネージドディスク

「管理ディスク」と和訳されることもありますが、「Azureに管理されたディスク」という意味です。ユーザーがあれこれストレージアカウントの制約を考えることなく、楽に仮想マシン向けディスクを使えます。

マネージドディスクは、以下のような特徴を持っています。

■ ユーザーがストレージアカウントを意識しなくてもよい

データの置き場所としてのストレージアカウントがなくなったわけではありません。マネージドディスクは仮想マシン向けに特化して、ストレージアカウントの作業と管理をAzureが引き受けます。従来のアンマネージドディスクではパフォーマンス、スケーラビリティを考慮する際、ストレージアカウントを複数作って、仮想マシンとの紐づけを考え、作成し、維持する、という煩わしい管理をしていたわけですが、それをAzureが代わりに行います。ユーザーはストレージアカウントではなく、仮想マシン用に抽象化された「ディスク」を意識すればよいわけです。

■ 可用性を考慮して配置される

　Azureのストレージサービスは数十〜数百のサーバーを1つの固まりとしたストレージクラスターで構成されています。このクラスターが各リージョンに複数あります。データを複数のクラスターに分散配置しておけば、仮にクラスター全体に障害が発生しても、その影響範囲を限定できます。

　そして、後述する可用性セットとマネージドディスクを組み合わせると、仮想マシン用のディスクを配置するストレージクラスターが分散されます。特定のストレージクラスターに同じ可用性セットに属する仮想マシン群のディスクが集中しないよう、制御してくれるわけです。

　これらの特徴の他にも、カスタムイメージの各ストレージアカウントへのコピーが不要になる、スナップショットの取得が容易になる、Copy on Read技術を使った高速なHDD/SSD間移行など、マネージドディスクはアンマネージドディスクと比較して使い勝手が大きく向上しています。特に制約がなければ、仮想マシン向けにはマネージドディスクをお勧めします。

2.4 仮想マシン

　いよいよ仮想マシン（Azure Virtual Machines）です。ですが、ここまでに土台であるネットワークとストレージについての知識を得ていますので、新たに理解することは多くありません。

■ 再び、アーキテクチャ

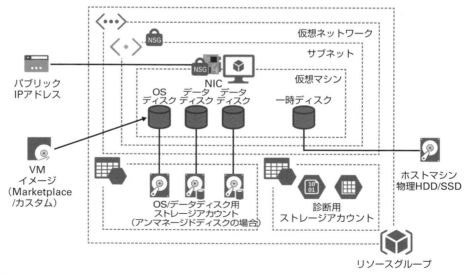

図2-11　Azure IaaS 仮想マシン関連アーキテクチャ（再掲）

　本章の冒頭で紹介したアーキテクチャを再掲します。いかがでしょう。見え方が違ってきませんか。では、仮想マシン視点で理解を進めてきましょう。

2.4.1 ドライブの使い分け

Azureの仮想マシンでは、ドライブは2つに分類されます。システム用のドライブ（通称「OSディスク」）と、データ用のドライブ（通称「データディスク」）です。OSディスクは仮想マシン起動時に指定します。一方、データディスクは仮想マシン起動後、接続して使います。

仮想マシンは、ドライブを以下のように認識します。

表2-2　OS別ドライブの割り当て

	Windows	Linux
OSディスク	C:¥	/dev/sda
一時ディスク	D:¥	/dev/sdb（/mnt/resource）
データディスク	F:¥、G:¥…	/dev/sdc、/dev/sdd…

■ OSディスク

システム領域を格納します。Azure MarketplaceでOSベンダーやサードパーティが提供するイメージからコピーするか、もしくはユーザーが作成したカスタムイメージを指定することができます。

なお、OSディスクはAzureホストのローカルディスクではなくAzure Storageサービスに格納されるので、再起動や他Azureホストへの再デプロイの際、書き込まれたデータは失われません。

■ 一時ディスク

OSからD:¥や/dev/sdb（/mnt/resource）に見えるドライブは、一時ディスクです。Azureホストのローカルディスクが割り当てられます。よって、再デプロイ時にはAzureホストが変わる可能性があるため、書き込んだデータにアクセスできなくなる恐れがあります。ですが、ネットワークを介さず低遅延でアクセスできるドライブなので、性能の良い一時作業領域として活用するのがよいでしょう。

■ データディスク

OSディスクのみで容量や性能が不足する場合には、データディスクを作成します。仮想マシンに接続してしまえば、ボリュームマネージャーへの組み込みやファイルシステム作成などの作業は、従来のサーバーの場合と同じです。

前述したように、Azureではディスクあたりの性能ターゲットが決まっています。性能が不足する場合には、複数のDiskをボリュームマネージャーで束ね、RAID0などストライプ構成にしてください。

2.4.2 仮想マシンエージェントと拡張機能

Azureには仮想マシンの管理を容易にするためのエージェントと拡張機能があります。

エージェントの役割は、例えば仮想マシン上で、ユーザーアカウントを作成する、RDPやSSHの設定を行う、ホスト名を設定する、起動時にスクリプト実行する、監視・診断情報を取得する、などです。

Azure Marketplaceで提供されているOSディスクイメージには、エージェントと基本的な拡張機能が含まれています。カスタムイメージを作成する場合は、その導入要否を確認のうえ、エージェントをインストールしてください。エージェントはそれを前提としたAzureの機能も少なくないため、導入をお勧めします。

なお、拡張機能は仮想マシン作成後でも導入できます。

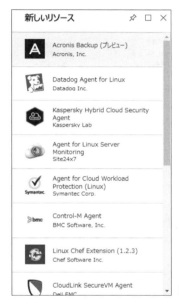

図2-12　Linux向け拡張機能の例

参考資料

「Windows用の仮想マシン拡張機能とその機能」
https://docs.microsoft.com/azure/virtual-machines/extensions/features-windows

「Linux用の仮想マシンの拡張機能とその機能」
https://docs.microsoft.com/azure/virtual-machines/extensions/features-linux

---

2.4.3　監視、診断とストレージアカウント

仮想マシンには、監視・診断の要否を指定できます。有効にすると監視・診断用データがAzure StorageサービスのBlobとTableへ蓄積され、Azureの監視・診断機能がそれを参照します。取得したデータからアラートを生成することも可能です。

図2-13　アラートルールの追加

　上図はCPU使用率のしきい値を監視する例で、CPU使用率が70％を超過したら、管理者にメールを送信する設定です。WebhookやAzure AutomationのRunbookアクションを実行することも可能です。
　監視、診断が必要であれば、仮想マシン作成時の設定有効化とストレージアカウントの指定を忘れないでください。

2.4.4　障害ドメインと更新ドメイン

　ハードウェアはいつか壊れるものです。また、技術や外部環境が急激に進化する中、ソフトウェアのメンテナンスやアップデートは避けられません。セキュリティ関連の緊急パッチがその代表例です。仮想マシンの停止や再起動を前提に、「サービスとして可用性のあるシステム」が望まれます。Azureはそれを支援する仕組みを備えています。

■ 障害ドメイン

　障害ドメイン（Fault Domain：FD）はハードウェアのグループで、複数台のサーバーと、それらが共有する電源装置とネットワーク装置のセットです。おおよそ、サーバーラックと考えてかまいません。後述する可用性セットに属する複数の仮想マシンは、最大3つの障害ドメインに分散配置されます。

■ 更新ドメイン

　更新ドメイン（Update/Upgrade Domain：UD）はAzureホストに対するアップデートを行う単位です。可用性セットに属する仮想マシンに対し、それぞれ更新ドメインが割り当てられます。例えば、ある更新ドメインに属する仮想マシンが動作しているAzureホストに対

してパッチ適用と再起動が行われている間、他のすべての更新ドメインの仮想マシンが動作しているサーバー群にはそれをしないように調整します。指定できる更新ドメインの最大値は20です。

2.4.5 可用性セット

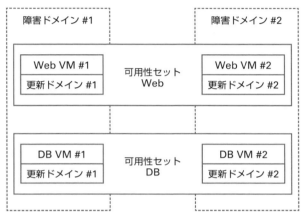

図2-14　障害ドメインと更新ドメイン、可用性セット

　具体例を見ていきましょう。上図はWeb用VMとDB用VMを2つずつ持つ冗長システムを、Azureの「可用性セット」に配置した例です。可用性セットとは、「仮想マシンを障害ドメインと更新ドメインに分散するための宣言」と理解してください。同じ役割を持った仮想マシンを同じ可用性セットに入れることで配置される障害/更新ドメインが分散され、障害およびメンテナンスに強い構成をとることができます。

　電源やネットワーク障害など、ラック全体がダウンする可能性はゼロではありません。仮にすべてのWebサーバーが同じラックに配置されていたら、全滅です。仮想マシンを複数の障害ドメインに分散配置することを可用性セットで明示し、同じ役割を持った仮想マシンが障害ですべて停止する事態を避けます。

　そして、マネージドディスクを使った仮想マシンは、障害ドメインごとに異なるストレージクラスターを割り当て、さらに可用性を高めることができます。例えば障害ドメイン#1の仮想マシン用ディスクにはストレージクラスター#1が、障害ドメイン#2にはストレージクラスター#2が割り当てられる、というイメージです。

　また、再起動が必要なパッチがAzureホストで必要になった場合、同時にすべての仮想マシンが再起動されないよう、更新ドメインの分散も可用性セットで明示できます。2つあるDBサーバーが、パッチ適用のため同時に止まる、というリスクを回避できるわけです。

■ 仮想マシンのメンテナンス

　仮想マシンのメンテナンスは管理者の悩みの種です。ですが、Azureホストへのセキュリティパッチ適用など、必要なプロセスであるため、ゼロにはできません。

　このようなメンテナンスによる再起動を減らすため、Azureでは再起動を伴わない動的な

パッチ適用メカニズム「インプレースライブ移行」が使われています。これは「メモリ保護更新」とも呼ばれます。将来にわたるすべての更新に適用できるわけではありませんが、再起動に起因するユーザーの負担は大幅に軽減されます。

一方、再起動が必要なメンテナンスについても、再起動イベントのスケジュールが仮想マシンから取得できるAzure Metadata Serviceや、メンテナンスタイミングを指定できるプリエンプティブ再デプロイなど、ユーザーの運用を支援する機能が提供されています。

> **参考資料**
> 「Linux仮想マシンの計画メンテナンス」（※内容はWindowsも同様）
> https://docs.microsoft.com/azure/virtual-machines/linux/maintenance-and-updates

2.4.6 仮想マシン作成の流れ

ここまで、ネットワーク、ストレージ、仮想マシンの順で、Azure IaaSの技術を見てきました。理解を深めるため、この流れをGUIで追ってみましょう。システム構築の第一歩として、Ubuntu ServerのSSH踏み台サーバーと、土台となるネットワーク、ストレージを作成していきます。

Azureポータルはウィザードによってさまざまなパラメーターを既定値・推奨値を示すことで入力支援するのですが、ここではあえて、順に、個別にリソースを作って進めてみることにしましょう。面倒かもしれませんが、きっと理解に役立ちます。

■ 命名規則

Azureに限った話ではありませんが、リソースを作る前に考えるべきことがあります。それは命名規則です。リソースを作るたびに悩まないで済むよう、事前に制約を理解しポリシーを決めておきましょう。

各リソースの制約、ルールは、次に示すMicrosoftの公式ドキュメントにまとめられています。これを参考に、個人やチームでポリシーを決めるとよいでしょう。

> **参考資料**
> 「名前付け規則」
> https://docs.microsoft.com/azure/architecture/best-practices/naming-conventions

ポイントをいくつか挙げます。

■ スコープを意識する

リソースによってスコープが異なります。グローバル、もしくはリージョンスコープのリソースは、他のユーザーと衝突する可能性があります。つけた名前がURIのホスト名の一部として使われる次の2つは、その代表例です。一意になりやすいプレフィックス、サフィックスを決めておくとよいでしょう。

- ストレージアカウント名
- 仮想マシンとロードバランサーに付与するパブリックIPアドレスのDNS名ラベル

一方、リソースグループスコープのものはリソースグループに閉じるため、自由度があります。

■ 使える文字種と長さを意識する

リソースに使える文字種は英数字、アンダースコア（_）、ハイフン（-）、ピリオド（.）、丸かっこです。ですが、リソースによって使える文字種が異なります。長さや、大文字と小文字の区別の有無も、リソースによって異なります。これもスコープ同様、ホスト名の一部になるものは制約が強めです。英数字の小文字を基本とし、ホスト名に使われないものは適宜可読性を上げるためにハイフンを使う、というのが無難なポリシーです。

■ リソースグループの作成

まずリソースグループ「azurebook-rg」を作成します。今後すべてのリソースをこのグループに配置します。

作成画面は、以下の手順で表示します。

1. Azureポータルで［リソースの作成］（+アイコン）をクリックし、検索ボックスで「リソースグループ」を検索します。英語名称「resource group」でもかまいません。入力しやすいほうを選んでください。他のリソースでも同様です。
2. 検索結果から［リソースグループ］をクリックします。
3. ［作成］をクリックします。

図2-15　リソースグループの作成

Azureポータルではリソースが［ネットワーキング］［ストレージ］などとカテゴリ分けされており、目的のリソース名が不明でも、当たりをつけてクリックを続ければたどり着けます。ですが、事前にリソース名がわかっている場合は、検索したほうが効率的でしょう。

■ 仮想ネットワークの作成

仮想ネットワーク「azurebook-vnet」を作成し、SSH踏み台サーバー向けにアドレス範囲10.0.0.0/24のサブネット「jumpbox」を定義します。

作成画面は、以下の手順で表示します。

1. Azureポータルで［リソースの作成］をクリックし、検索ボックスで「仮想ネットワーク」を検索します。
2. 検索結果から［仮想ネットワーク］をクリックします。
3. ［作成］をクリックします。

図2-16 仮想ネットワークの作成

各パラメーターは、画面を参考に入力してください。以降も同様です。

■ NSGの作成

サブネットおよびNICに割り当てるNSG（ネットワークセキュリティグループ）である「jumpbox-nsg」を作成します。まずはグループのみで、フィルタリングのためのセキュリティ規則は後から追加します。

作成画面は、以下の手順で表示します。

図2-17 NSGの作成

1. Azureポータルで［リソースの作成］をクリックし、検索ボックスで「ネットワークセキュリティグループ」を検索します。
2. 検索結果から［ネットワークセキュリティグループ］をクリックします。
3. ［作成］をクリックします。

■ NSGへ受信セキュリティ規則の追加

NSGへ受信セキュリティ規則「Allow-SSH」を追加します。
設定画面は、以下の手順で表示します。

1. ［リソースグループ］—［azurebook-rg］—［概要］—［jumpbox-nsg］の順にクリックします。
2. ［設定］カテゴリの［受信セキュリティ規則］をクリックし、［追加］をクリックします。

パラメーターは本章の「2.2.6 パケットフィルタリング（NSG）」の「図2-8 NSG受信セキュリティ規則の設定」を参考にしてください。

■ NSGのサブネットへの適用

サブネット「jumpbox」にNSG「jumpbox-nsg」を適用します。
設定画面は、以下の手順で表示します。

1. ［リソースグループ］―［azurebook-rg］―［azurebook-vnet］の順にクリックします。
2. ［設定］カテゴリで［サブネット］をクリックし、［jumpbox］をクリックします。

図2-18 NSGの適用

NSGを指定した後は、忘れずに［保存］をクリックしてください。

■ パブリックIPアドレスの作成

インターネット経由で踏み台サーバーへアクセスするため、踏み台サーバー向けパブリックIPアドレスを作成します。

作成画面は、以下の手順で表示します。

1. Azureポータルで［リソースの作成］をクリックし、検索ボックスで「パブリックIPアドレス」を検索します。
2. 検索結果から［パブリックIPアドレス］をクリックします。
3. ［作成］をクリックします。

名前はリソースグループで一意にしてください。そしてDNS名ラベルはリージョンに応じたサフィックスと組み合わせ、グローバルで一意なURIを作るための文字列です。パブリックIPアドレスの名前とDNS名ラベルは異なる文字列でも問題ありませんが、同じにしたほうがわかりやすいでしょう。

図2-19 パブリックIPアドレスの作成

■ ストレージアカウントの作成

診断用ストレージアカウントを作成します。OSディスクにはマネージドディスクを使うため、ストレージアカウントの明示的な作成は不要です。ですが、診断データの保管場所としてマネージドディスクを使うことはできません。

作成画面は、以下の手順で表示します。

1. Azureポータルで［リソースの作成］をクリックし、検索ボックスで「ストレージアカウント」を検索します。
2. 検索結果から［ストレージアカウント］をクリックします。
3. ［作成］をクリックします。

パラメーターは本章の「2.3.1　概念と基本機能」の「図2-10　ストレージアカウントの作成時パラメーター」を参考にしてください。繰り返しになりますが、ストレージアカウント名は.core.windows.netをサフィックスとするグローバルスコープです。仮に「azurebookvmdiag03」とします。

■ 仮想マシンの作成

土台はできました。では、仮想マシンを作成しましょう。

作成画面は、以下の手順で表示します。

1. Azureポータルで［リソースの作成］をクリックし、検索ボックスで「ubuntu」を検索します。
2. 検索結果から［Ubuntu Server 18.04 LTS］をクリックします。
3. ［デプロイモデルの選択］で［Resource Manager］を選択して［作成］をクリックします。

図2-20　仮想マシンの作成－基本

Linux のディストリビューションとして、［Ubuntu Server 18.04 LTS］を選択しました。まずは、基本設定です。仮想マシン名は「azurebookvm01」とします。

そして、認証の設定です。［SSH公開キー］もしくは［パスワード］を選択できます。SSH公開キーを使う場合は、あらかじめSSH用のキーペアをssh-keygenなどで作成しておき、公開キーの文字列をボックスに入力します。

図2-21　仮想マシンの作成 － VMサイズの選択

次は、サイズの選択です。「サイズを変更します」をクリックし、vCPU数、メモリ量、データディスク接続可能数、ファミリーなどのフィルターを指定したり、キーワード検索したりして、要件に応じてサイズを選択してください。

参考資料
「AzureのLinux仮想マシンのサイズ」（※内容はWindowsも同様）
https://docs.microsoft.com/azure/virtual-machines/linux/sizes

図2-22　仮想マシンの作成―ディスク

　基本設定の後は、ディスクの設定です。利用するストレージを細かく指定します。［アンマネージドディスクを使用］で［いいえ］を選択するとマネージドディスクが指定され、ストレージアカウントは抽象化されます。ストレージアカウントを明示する必要はありません。
　［OSディスクの種類］では、マネージドディスクの種類を選択できます。マネージドディスクの種類には、高性能な順に、Premium SSD、Standard SSD、Standard HDDがあります。2018年9月のIgnite 2018カンファレンスでは、Premium SSDより上位のUltra SSDが発表されました。
　次は、ネットワークの設定です。作成済みの仮想ネットワーク、サブネット、パブリックIPアドレスを選択します。［受信ポートを選択］では、Linux VMにSSH接続したいので［SSH］を選択します。

図2-23　仮想マシンの作成―ネットワーク

なお、Azureポータルでは仮想マシン作成に際し、依存する各リソースを、Azureが提案する初期値で新規作成できます。この機能を利用すると楽ですが、名前はAzure任せになりますし、パラメーターの詳細確認をおろそかにしてしまいがちです。あくまで簡易な支援機能と割り切り、組織のポリシーやルールを徹底したい場合は、事前に作れるリソースはポリシーに合わせて作成しておき、それを選択するようにしましょう。

図2-24 仮想マシンの作成－概要確認および作成

　［ネットワーク］の次の［管理］では、作成済みの診断用ストレージアカウントを選択し、その次の［ゲストの構成］、［タグ］は既定の設定のまま進むと、最終的に入力内容の全体的な整合性が検証されます。問題がなければ［作成］をクリックして、デプロイを開始してください。

　作成した仮想マシンの状態は、Azureポータルで［リソースグループ］―［azurebook-rg］―［概要］―［azurebookvm01］の順にクリックして確認できます。

図2-25 作成した仮想マシンの状態

　［状態］に「実行中」と表示されれば、デプロイ完了です。割り当てられたパブリックIPアドレスやDNS名ラベルを使って、SSHログインできます。

2.5 IaaSの進んだ使い方

より効果的にIaaSを使いこなすため、クラウドらしい、また、Azureらしい使い方をご紹介します。

2.5.1 APIを理解する

ここまで、Azureの技術を理解する手掛かりとして、Azureポータルの画面をいくつか紹介してきました。利用初期に理解を深めたり、新機能を試したりするのにGUIは有用です。ですが、Azureの便利さを強く感じるのは、API（Application Programming Interface）を活用できるようになってからではないでしょうか。Azureに限らず、クラウドと従来型基盤を大きく分ける技術的要素のひとつが、APIです。

APIは、その名のとおりアプリケーションに対するインターフェイスです。ユーザーはプログラムから、Azureの各種リソースにアクセスできます。サーバー、ストレージ、ネットワークといったインフラリソースはもちろん、PaaSに位置づけられるAzure App ServiceやAzure SQL DatabaseなどもAPIを有しています。

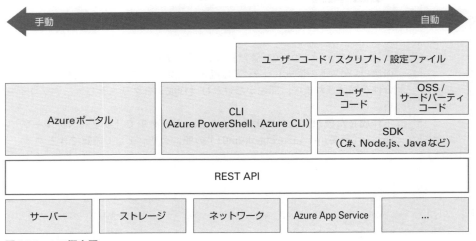

図2-26　API概念図

図にしてみると気づきがあるかもしれません。GUIであるAzureポータルも、結局はAPIを使っています。ポータル中心にAzureを使うユーザーであっても、APIを理解して損はありません。

■ Infrastructure as Code

本節の冒頭で「APIはクラウドとそれまでを大きく分ける技術的要素である」と述べました。従来は手作業で、要素別にばらばらに実施していたリソースの制御を、自動的に、一元

的にプログラムでできるようになるからです。例えば、サーバー管理者とネットワーク管理者が別々に、手作業で、手順書を指さしながら行っていたことが、プログラムで実現できます。

リソースの制御をプログラムで実現することには、大きく4つのメリットがあります。1つめは作業工数の削減です。技術者の仕事はどんどん増えているので、それに充てられる時間を確保できたらうれしいはずです。2つ目はうっかりミスの削減です。残念ながら、人間は疲れや惰性から、ミスをしてしまうことがあります。3つ目は時間の短縮です。複数の担当者が、タイミングをずらして、指さし確認しながらコマンドを入力するより早く結果が得られるのは明白です。ビジネス的なメリットとして、最も大きいかもしれません。

そして、最後が再現性です。スキルや知識に依存せず、誰が実行しても同じ結果が得られます。システムの横展開はもちろん、災害などの有事に、コードや設定ファイルでインフラを作成できます。これまで災害復旧（DR）について多くの議論がなされてきましたが、実装に至っていないケースがほとんどです。有事にシステムを再生するにしても、再生できる人が被災しており、対応できない可能性が高いことが、議論止まりである大きな理由でした。属人性を排除できれば、解決の可能性が高まります。

「コードでインフラを表現し、作る。」この概念は「Infrastructure as Code（IaC）」と呼ばれ、クラウドを使うひとつの動機となっています。アプリの品質を高める手法としてCI（Continuous Integration：継続的インテグレーション）が注目されていますが、CIではテスト環境インフラの生成と廃棄を、動的に頻繁に行います。そしてこのスピードが開発者の生産性に大きく影響します。Infrastructure as Codeが実践できていないと、現実的ではないでしょう。

AzureのAPIは、RESTで提供されています。プロトコルはHTTPSで、フォーマットはJSONです。とはいえRESTでやりとりするプログラムを、ゼロから書くケースはほとんどありません。APIをコマンドラインから呼び出すCLI（Command Line Interface）が提供されていますし、C#、Node.jsなどプログラミング言語向けのSDKもあります。そして、そのSDKを活用したOSSやサードパーティ製品も数多くあります。アプリケーションのコードというより、設定ファイルを書く感覚のものもあります。恐れる必要はありません。

2.5.2　CLIの使い方

GUIからの卒業、はじめの一歩としてCLIを理解しましょう。Azureには2つのCLIがあります。

■ Azure PowerShell

PowerShellのAzure向けモジュールです。次の形式で、Azureのリソースにアクセスできます。

```
[動詞]-AzureRm［リソース種別］［パラメーター］
```

作成済み仮想マシンの情報を得る例を次に示します。

```
Get-AzureRmVM -ResourceGroupName "your-rg" -Name "vm01"
```

■ Azure CLI

　Windows以外のOS、macOSやLinuxでもAzureのリソースを操作できるCLIが欲しいというニーズから生まれました。バージョン1.0はNode.jsをベースにしていましたが、バージョン2.0でPythonベースに置き換わりました。ユーザーからのフィードバックを取り込み、使い勝手が大幅に向上しています。これからのユーザーには2.0を推奨します。

　Azure CLIは以下の規則で書きます。

```
az [リソース種別] [動詞] [パラメーター]
```

　Azure PowerShellの例と同様に、仮想マシンの情報を得る例を以下に示します。

```
az vm show -g "your-rg" -n "vm01"
```

■ 選定のポイント

　では、どちらを選択すべきでしょうか。判断ポイントは、習熟度、動作環境、新機能への対応ペースです。

　まず習熟度です。すでにPowerShellに慣れている技術者が多い環境では、Azure PowerShellがまず候補になるでしょう。そうではない場合は、以降の判断ポイントの重みが増します。

　2つ目は動作環境です。PowerShellはWindowsおよびAzureのジョブ実行環境であるAzure Automationで使えます。一方でAzure CLIはWindowsに加え、macOSとLinuxで動作します。作業端末からの不定期、対話型実行であれば、普段使っている端末のOSで判断すればよいでしょう。検討すべきは、サーバーで定期的に自動実行するケースです。

　Azure PowerShellでAzureのリソースを操作する場合、対話型、もしくは証明書を使った認証が必要です。対話型では無人実行できませんので、おのずと証明書を使うことになります。証明書を必要なサーバー分、インポートして管理することは煩雑です。もしAzure PowerShellを使って自動実行するのであれば、その手間が省けるAzure Automationをお勧めします。

　対してAzure CLIであれば、証明書の他に非対話でのパスワード認証が可能なので、スクリプトの変数で対応できます。もちろん、IDやパスワードをハードコードせず、別ファイルから読み込むような配慮は必要です。

　判断ポイントの最後は、新機能への対応スピードと機能のカバー率です。以前はAzure PowerShellモジュールのほうがAzureの新機能に早く対応する傾向がありました。また、Azure PowerShellはASM（クラシック）にも対応しており、カバー率が高いです。

　一方、昨今ではAzure CLIも対応ペースを上げています。Azure CLIがAzure PowerShellよりも先に新機能へ対応するケースも見られるようになり、ARM前提であればその差は小さくなりました。WebブラウザやスマートフォンのアプリでCLIが使えるAzure Cloud Shellでは、Azure CLI（Bash）が先にサポートされ、その後Azure PowerShellがサポートされました。

　よく使うサービス、機能の対応状況をリリースノートで見比べて判断するのも手です。

> **参考資料**
> **Azure PowerShellのリリースノート**
> https://docs.microsoft.com/powershell/azure/release-notes-azureps
> **Azure CLI 2.0のリリースノート（※pypi.orgの各モジュールに詳細あり）**
> https://github.com/Azure/azure-cli/releases

2.5.3 ARMテンプレートデプロイ

　APIを利用した、さらに進んだ使い方を紹介します。Azure Resource Managerテンプレートデプロイです。

■ テンプレートデプロイが生まれた背景

　CLIはシンプルにリソースの参照、変更をする操作に向いています。仮想マシンの情報を取得する、NSGのフィルタリングルールを追加する、といった操作です。ですが、指定するパラメーターが多く、リソースに依存関係があると、途端に複雑になります。

　以下はAzure CLIで仮想マシンを作るBashスクリプトファイルの例です。合わせて必要なネットワーク、ストレージリソースも作成しています。

```bash
#!/bin/bash
# Set valiables
rgName=azurebook-cli-rg
vmName=azurebookvm02
vnetName=azurebook-vnet
subnetName=jumpbox
pipName=azurebookpip02
nsgName=jumpbox-nsg
diagStorageActName=azurebookvmdiag02
# Create a resource group.
az group create --name $rgName --location japaneast
# Create a virtual network.
az network vnet create --resource-group $rgName --name $vnetName --address-prefix 10.0.0.0/16 --subnet-name $subnetName --subnet-prefix 10.0.0.0/24
# Create a public IP address.
az network public-ip create --resource-group $rgName --name $pipName --dns-name $pipName --allocation-method Dynamic --idle-timeout 4
# Create a network security group.
az network nsg create --resource-group $rgName --name $nsgName
# Create a network security group rule.
az network nsg rule create --resource-group $rgName --name Allow-SSH --nsg-name $nsgName --priority 100 --access Allow --direction Inbound --destination-port-range 22 --protocol Tcp
# Create a virtual network card and associate with public IP address and NSG.
```

```
az network nic create ¥
  --resource-group $rgName ¥
  --name ${vmName}-nic01 ¥
  --vnet-name $vnetName ¥
  --subnet $subnetName ¥
  --network-security-group $nsgName ¥
  --public-ip-address $pipName
# Create a new virtual machine.
az vm create --resource-group $rgName --name $vmName --size Standard_
D1_V2 --storage-sku Standard_LRS --nics ${vmName}-nic01 --image
Canonical:UbuntuServer:16.04-LTS:latest --admin-username azureuser
--ssh-key-value "~/.ssh/id_rsa.pub"
# Create a new storage account for diagnostics.
az storage account create -n $diagStorageActName -g $rgName --sku
Standard_LRS
# Set boot diagnostics configuration.
az vm boot-diagnostics enable --storage
"https://${diagStorageActName}.blob.core.windows.net/" -n $vmName -g
$rgName
```

　スクリプトファイルに、仮想マシンに必要なネットワークやストレージのリソース作成コマンドを順に書いていきます。パラメーターの多さは必要な情報なので仕方ないとしても、出来上がる環境全体の整合性、依存関係を意識して順にコマンドを連ねていくのは、骨が折れます。コマンドのオプションもリソースごとに違います。
　CLIの改善により、従来と比較してすっきり書けるようにはなりましたが、それでもリソース数が多いと苦労します。
　そこで、より効率よく記述できるデプロイ方式、フォーマットが求められていました。これがAzure Resource Manager テンプレートデプロイの生まれた背景です。
　テンプレートデプロイでは、コマンドの羅列ではなく、JSONフォーマットのテンプレートファイルをREST APIで投入できます。もちろんCLIでも可能です。

```
#!/bin/bash
# Set valiables
rgName=azurebook-template-rg
# Create a resource group.
az group create --name $rgName --location japaneast
# Create a virtual network.
az group deployment create --resource-group $rgName --template-file
./azuredeploy.json --parameters ./azuredeploy.parameters.json --no-
wait
```

　リソースグループを作るのは先ほどと同様です。最後の1行だけが違います。ここでテンプレートファイルとパラメーターファイルを指定し、デプロイします。**--no-wait**はコマンドの完了を待たずにプロンプトに戻るオプションです。
　では、投入したテンプレートファイル（azuredeploy.json）から見ていきましょう。

```json
{
  "$schema": "https://schema.management.azure.com/schemas/2015-01-01/deploymentTemplate.json#",
  "contentVersion": "1.0.0.0",
  "parameters": {
    "adminUsername": {
      "type": "string"
    },
    "sshKeyData": {
      "type": "securestring"
    },
    "diagStorageAccountName": {
      "type": "string"
    },
    "publicIPAddressName": {
      "type": "string"
    },
    "vmName": {
      "type": "string"
    }
  },
  "variables": {
    "imagePublisher": "Canonical",
    "imageOffer": "UbuntuServer",
    "ubuntuOSVersion": "16.04.0-LTS",
    "nicName": "[concat(parameters('vmName'), '-nic01')]",
    "addressPrefix": "10.0.0.0/16",
    "subnetName": "jumpbox",
    "subnetNsgName": "jumpbox-nsg",
    "subnetPrefix": "10.0.0.0/24",
    "storageAccountType": "Standard_LRS",
    "vmSize": "Standard_D1_V2",
    "virtualNetworkName": "azurebook-vnet",
    "sshKeyPath": "[concat('/home/',parameters('adminUsername'),'/.ssh/authorized_keys')]"
  },
  "resources": [
    {
      "type": "Microsoft.Storage/storageAccounts",
      "name": "[parameters('diagStorageAccountName')]",
      "apiVersion": "2017-06-01",
      "location": "[resourceGroup().location]",
      "sku": {
        "name": "[variables('storageAccountType')]"
      },
      "kind": "Storage",
      "properties": {}
    },
```

```json
    {
      "apiVersion": "2017-06-01",
      "type": "Microsoft.Network/publicIPAddresses",
      "name": "[parameters('publicIPAddressName')]",
      "location": "[resourceGroup().location]",
      "properties": {
        "publicIPAllocationMethod": "Dynamic",
        "dnsSettings": {
          "domainNameLabel": "[parameters('publicIPAddressName')]"
        },
        "idleTimeoutInMinutes": 4
      }
    },
    {
      "type": "Microsoft.Network/networkSecurityGroups",
      "name": "[variables('subnetNsgName')]",
      "apiVersion": "2017-06-01",
      "location": "[resourceGroup().location]",
      "properties": {
        "securityRules": [
          {
            "name": "Allow-SSH",
            "properties": {
              "protocol": "Tcp",
              "sourcePortRange": "*",
              "destinationPortRange": "22",
              "sourceAddressPrefix": "*",
              "destinationAddressPrefix": "*",
              "access": "Allow",
              "priority": 100,
              "direction": "Inbound"
            }
          }
        ]
      }
    },
    {
      "apiVersion": "2017-06-01",
      "type": "Microsoft.Network/virtualNetworks",
      "name": "[variables('virtualNetworkName')]",
      "location": "[resourceGroup().location]",
      "dependsOn": [
        "[concat('Microsoft.Network/networkSecurityGroups/', variables('subnetNsgName'))]"
      ],
      "properties": {
        "addressSpace": {
          "addressPrefixes": [
```

```
              "[variables('addressPrefix')]"
            ]
          },
          "subnets": [
            {
              "name": "[variables('subnetName')]",
              "properties": {
                "addressPrefix": "[variables('subnetPrefix')]",
                "networkSecurityGroup": {
                  "id": "[resourceId('Microsoft.Network/
networkSecurityGroups', variables('subnetNsgName'))]"
                }
              }
            }
          ]
        }
      },
      {
        "apiVersion": "2017-06-01",
        "type": "Microsoft.Network/networkInterfaces",
        "name": "[variables('nicName')]",
        "location": "[resourceGroup().location]",
        "dependsOn": [
          "[resourceId('Microsoft.Network/publicIPAddresses/', parameters('publicIPAddressName'))]",
          "[resourceId('Microsoft.Network/virtualNetworks/', variables('virtualNetworkName'))]"
        ],
        "properties": {
          "ipConfigurations": [
            {
              "name": "ipconfig1",
              "properties": {
                "privateIPAllocationMethod": "Dynamic",
                "publicIPAddress": {
                  "id": "[resourceId('Microsoft.Network/
publicIPAddresses',parameters('publicIPAddressName'))]"
                },
                "subnet": {
                  "id": "[resourceId('Microsoft.Network/
virtualNetworks/subnets', variables('virtualNetworkName'),
variables('subnetName'))]"
                }
              }
            }
          ]
        }
      },
```

```json
    {
      "apiVersion": "2017-03-30",
      "type": "Microsoft.Compute/virtualMachines",
      "name": "[parameters('vmName')]",
      "location": "[resourceGroup().location]",
      "dependsOn": [
        "[resourceId('Microsoft.Storage/storageAccounts/', parameters('diagStorageAccountName'))]",
        "[resourceId('Microsoft.Network/networkInterfaces/', variables('nicName'))]"
      ],
      "properties": {
        "hardwareProfile": {
          "vmSize": "[variables('vmSize')]"
        },
        "osProfile": {
          "computerName": "[parameters('vmName')]",
          "adminUsername": "[parameters('adminUsername')]",
          "linuxConfiguration": {
            "disablePasswordAuthentication": true,
            "ssh": {
              "publicKeys": [
                {
                  "path": "[variables('sshKeyPath')]",
                  "keyData": "[parameters('sshKeyData')]"
                }
              ]
            }
          }
        },
        "storageProfile": {
          "imageReference": {
            "publisher": "[variables('imagePublisher')]",
            "offer": "[variables('imageOffer')]",
            "sku": "[variables('ubuntuOSVersion')]",
            "version": "latest"
          },
          "osDisk": {
            "createOption": "FromImage",
            "managedDisk": {
              "storageAccountType": "Standard_LRS"
            },
            "diskSizeGB": 32
          },
          "dataDisks": []
        },
        "networkProfile": {
          "networkInterfaces": [
```

```
            {
              "id": "[resourceId('Microsoft.Network/
networkInterfaces',variables('nicName'))]"
            }
          ]
        },
        "diagnosticsProfile": {
          "bootDiagnostics": {
            "enabled": "true",
            "storageUri": "[reference(concat('Microsoft.Storage/
storageAccounts/', parameters('diagStorageAccountName')),
'2017-06-01').primaryEndpoints.blob]"
          }
        }
      }
    }
  ]
}
```

　ARMテンプレートは、ボリュームはありますが構造化されています。オプションの異なるコマンドを羅列するよりも、理解がしやすいのではないでしょうか。
　一見、敷居が高そうに見えますが、丸腰でJSONと格闘する必要はありません。Visual StudioCodeのAzure Resource Manager Tools拡張機能などの支援ツールを使えば、自動補完や整合性チェックを活用できます。また、可読性や再利用性を考慮し、テンプレートファイルを分割、階層化することもできます。
　テンプレートファイルは、大きく3つの属性グループ（セクション）に分かれています。

■ parameters

　外部からパラメーターを読み込みたいときに使います。ハードコードしたくないIDやパスワードが代表例です。
　以下の例では、Linux仮想マシンの管理者ユーザー名とSSH公開キー、診断データ用ストレージアカウント名、パブリックIPアドレス名（DNS名ラベル）、そして仮想マシン名をファイル（azuredeploy.parameters.json）に外部化しています。ちなみにファイルに書かず、キー管理サービスであるAzure Key Vaultから動的に取得することもできます。

```
{
  "$schema": "https://schema.management.azure.com/schemas/
2015-01-01/deploymentTemplate.json#",
  "contentVersion": "1.0.0.0",
  "parameters": {
    "adminUsername": {
      "value": "azureuser"
    },
    "sshKeyData": {
      "value": "<public key>"
```

```
    },
    "diagStorageAccountName": {
      "value": "azurebookvmdiag03"
    },
    "publicIPAddressName": {
      "value": "azurebookpip03"
    },
    "vmName": {
      "value": "azurebookvm03"
    }
  }
}
```

■ variables

テンプレートファイル内で使われる変数です。外部から読み込む必要がない変数は、ここで指定します。テンプレートファイル内で何度も指定する可能性があるものは、変数化しましょう。

■ resources

デプロイするリソースを定義します。リソース種別に応じて必要なパラメーターを指定します。ポイントはリソース内にある"dependsOn"で、リソース間の依存関係を表現できます。この属性が指定されたリソースは、指定したリソースが出来上がるまで、リソース作成開始を待ちます。裏を返せば、依存関係にないリソースは並行して作成されます。これはコマンドの羅列にはない利点です。

テンプレートファイルの詳細な記法やオプションについては割愛しますが、入力値の妥当性チェック、一意な文字列の生成、ループ構造での複数リソース作成など、表現力があります。

また、作成済みのリソースから定義をエクスポートすることもできます。テンプレートを使わずに作ったインフラでも、ご安心ください。横展開や災害復旧（DR）に活用できます。

Infrastructure as Codeの文脈ではTerraformやAnsibleなどオープンソースのツールも人気ですが、Azureの標準ツールとしてテンプレートデプロイも習得して損はありません。新サービスへの対応が早い、Microsoftからサポートが受けられるなどの利点があります。

テンプレートデプロイはAzureインフラ管理者の武器と言っていいツールです。Microsoftがテンプレート集を公開しているので、ぜひ参考にしてください。

参考資料

「クイックスタート：Azure portalを使用したAzure Resource Managerテンプレートの作成とデプロイ」
https://docs.microsoft.com/azure/azure-resource-manager/resource-manager-quickstart-create-templates-use-the-portal

「Azureクイックスタートテンプレート」
https://azure.microsoft.com/resources/templates/

2.5.4 Azure Marketplace

　Azure Marketplaceでは、仮想マシン向けのOSイメージだけでなく、アプリ導入済みのイメージも提供されており、セットアップの手間を省くことができます。

　イメージ提供者は「Publisher（発行元）」と呼ばれます。試しに、東日本リージョンにどれだけのPublisherが登録されているか、Azure CLIで確認してみましょう。

```
$ az vm image list-publishers -l japaneast -o table | head -n 20
Location     Name
---------    -------------------------------------------
japaneast    128technology
japaneast    1e
japaneast    4psa
japaneast    5nine-software-inc
japaneast    7isolutions
japaneast    a10networks
japaneast    abiquo
japaneast    accellion
japaneast    accessdata-group
japaneast    accops
japaneast    Acronis
japaneast    Acronis.Backup
japaneast    actian-corp
japaneast    actian_matrix
japaneast    actifio
japaneast    activeeon
japaneast    advantech-webaccess
japaneast    aerospike
$ az vm image list-publishers -l japaneast -o table | wc -l
752
```

　アルファベット順にPublisherが出力されました。2018年10月時点で、東日本リージョンでは752ものPublisherのイメージが提供されています。1つの企業やコミュニティで複数のPublisherを登録しているケースもあるので数は差し引く必要はありますが、バラエティに富んでいます。

　なお、多くのPublisherがデプロイを支える仕組みとして、先ほど解説したARMテンプレートデプロイを活用しています。

　Azure Marketplaceでは、以下のようなイメージが利用できます。

■ OS系

　Windowsはもちろん、LinuxやFreeBSDのイメージも提供されています。中でもLinuxの成長が著しく、いまやAzureで動く仮想マシンの5割以上はLinuxです。Ubuntu、RHEL、SUSE、CoreOSなど代表的なLinuxディストリビューションのイメージが提供されています。

　なお、すべてのディストリビューション、バージョン、マイナーバージョンを合わせると

膨大な量になってしまうため、Azureポータルでの検索結果が最新のものに絞られているケースがあります。

次に示すのはAzureポータルで「Ubuntu Server」を検索した例です。

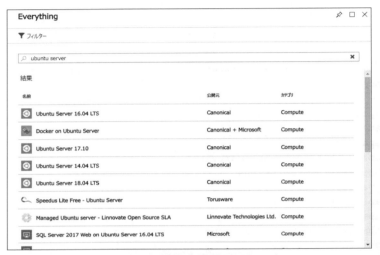

図2-27　Azure Marketplaceでの検索結果（結果上位のみ）

さまざまなUbuntuベースのイメージが見つかりますが、バージョンごとに1つだけリリースが表示され、いくつかあるはずのポイントリリースが指定できません。

そのようなときは、Azure CLIで提供ポイントリリースを探してから、Azure CLIやARMテンプレートでポイントリリースを指定してデプロイしてください。

```
$ az vm image list-skus -l japaneast --publisher canonical
--offer UbuntuServer -o table
Location     Name
----------   -----------------
japaneast    12.04.3-LTS
japaneast    12.04.4-LTS
japaneast    12.04.5-LTS
japaneast    14.04.0-LTS
japaneast    14.04.1-LTS
japaneast    14.04.2-LTS
japaneast    14.04.3-LTS
japaneast    14.04.4-LTS
japaneast    14.04.5-DAILY-LTS
japaneast    14.04.5-LTS
japaneast    16.04-DAILY-LTS
japaneast    16.04-LTS
japaneast    16.04.0-LTS
japaneast    17.10
japaneast    17.10-DAILY
```

```
japaneast    18.04-DAILY-LTS
japaneast    18.04-LTS
japaneast    18.10-DAILY
```

■ 仮想アプライアンス系

　仮想マシン上で動くネットワーク/ストレージアプライアンスが多数提供されています。代表的なものはBarracuda社やF5社のWAF、NetApp社のストレージアプライアンスなどです。専業ベンダーのアプライアンスは機能が豊富です。Azureが提供する機能だけでニーズを満たせない場合は、検討してみてください。

■ プラットフォームソフトウェア系

　プラットフォームソフトウェアや、ミドルウェアに位置づけられるソフトウェアです。DBMS、HadoopディストリビューションやNoSQLなどのデータ系、コンテナーオーケストレーションが注目されています。プラットフォームソフトウェアはセットアップのハードルが高くなりがちですが、Azure Marketplaceから導入すれば容易です。

■ 利用に関する注意

　なお、大変便利なAzure Marketplaceですが、利用に際しては2つの注意点があります。

　1つはサポートです。Azure Marketplaceで作成したイメージが、例えば問い合わせや不具合対応をしてもらえるのか、その提供者と窓口はどこか、有償か無償か、対応は日本語か英語か、サポート提供ベンダーによって違いがあります。もしサポートが必要であれば、事前に確認してください。

　もう1つは購入方法です。BYOL（ライセンス持ち込み）と従量課金が一般的な選択肢です。BYOLはベンダーからライセンスを購入し、作成した仮想マシンに適用します。一方、従量課金であれば、ライセンスも使った分だけAzure利用料とともに請求されます。ソフトウェアによって、どちらか一方である、また、サポート内容が変わるケースがあります。事前の確認をお勧めします。

2.5.5　コンテナーの活用

　Azureはユーザーアプリケーションの動作基盤として、Azure Virtual Machines、および仮想マシンのスケールアウトを容易にするAzure Virtual Machine Scale Setsを、IaaSとして提供してきました。加えて、Dockerをはじめとするコンテナーの実行基盤を求めるユーザーのニーズに対応し、コンテナー関連サービスの拡充を進めています。

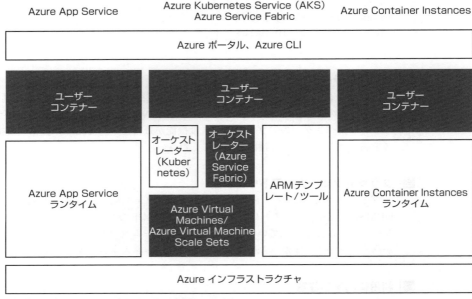

図2-28　Azureにおけるコンテナー基盤の選択肢

　上図にAzureにおけるコンテナー基盤の選択肢をまとめました。この他にもPivotal Cloud FoundryやRed Hat OpenShiftなど、仮想マシン上にアプリケーション基盤を展開し、その上でコンテナーを使う選択肢もあります。ここではAzureがサービス名をつけて提供しているものに絞ります。

　ポイントは、図での塗りつぶしの有無です。塗りつぶした部分は、ユーザーが管理しなければいけない部分です。コンテナーは技術の進化が著しく、導入手順やバージョンアップ、パッチ適用など、その変化へ追従する運用を確立、維持するのに、コストとスキルを要するのが現状です。どれだけAzureに任せることができるかは重要な判断基準です。

■ Azure App Service

　Azure App ServiceはPaaSに位置づけられるサービスですが、比較対象として挙げています。Azure App ServiceのWeb App for ContainersがDockerコンテナーに対応しています。ユーザーは利用するDockerイメージと、Azure App Serviceインスタンスのサイズと数など環境情報を指定してデプロイすればよく、その実行基盤を管理する必要はありません。複数インスタンスへのスケールアウトと負荷分散が可能であり、ステージングと切り換えの仕組みが組み込まれているなど、運用の負担が小さい方式です。

　Web App for Containersは、Webアプリの実行に特化したサービスです。

■ Azure Kubernetes Service (AKS)

　コンテナーオーケストレーターKubernetesのクラスターを簡単にデプロイできます。コンテナーオーケストレーターのデプロイは非常に手間がかかるため、それが重荷だったユーザーには有用です。AKSが内部使用しているARMテンプレートを生成するツールは、ACS-

Engineという名前でオープンソースとして公開されています。

図2-28のとおり、AKSはマネージドサービスであり、進化の早いKubernetesの管理をAzureに任せることができます。アプリケーション、コンテナーに集中したいユーザーに、お勧めしたいサービスです。

■ Azure Service Fabric

Microsoftが開発したアプリケーション実行基盤であるAzure Service Fabricは、実はDockerコンテナーを動かすプラットフォームとしても使うことができます。ただし、足元を支える仮想マシンはユーザーが管理しなければいけませんし、Azure Service Fabricのバージョンアップ作業もユーザーの責任範囲です。

2018年5月のBuild 2018カンファレンスで、新機能「Service Fabric Mesh」が発表されました。Service Fabric Meshは、後述するAzure Container Instancesに似た機能を、Azure Service Fabricベースで提供するサービスです。自分でクラスターを管理することなく、コンテナーやマイクロサービスを実行できます。

■ Azure Container Instances

コンテナー実行に特化したサービスです。コンテナー1つから利用でき、課金も秒単位であるため、気軽に作って消すことができます。コンテナーホストは隠蔽されており、ユーザーが実行基盤を管理する必要はありません。

以下のコマンドはDocker HubにあるNginxのイメージでコンテナーを作成し、パブリックIPアドレスを割り当てる例です。

```
$ az container create --resource-group aci-rg --name mynginx
--image nginx --ip-address public
```

数秒でコンテナーが作成され、起動します。

```
$ az container show --resource-group aci-rg --name mynginx -o table
Name       ResourceGroup    ProvisioningState     Image     IP:ports
CPU/Memory        OsType     Location
-------    ---------------  ------------------    -------   --------------
---    ---------------   --------   ----------
mynginx    aci-rg           Succeeded             nginx     13.64.109.219:80
1.0 core/1.5 gb   Linux      westus
```

とても簡単にコンテナーを作成できることがわかります。ただしスケールアウトや負荷分散、オーケストレーション機能はありませんので、それを求める場合は、別の仕組みとの組み合わせが必要です。例えば、AKSからAzure Container Instancesをコンテナー実行環境として使うコネクタが開発されています。

「"細かい粒度で作って消す"ことを頻繁に行いたい」、また、「コンテナーの管理と実行環境を分離して、自ら面倒を見る範囲をなるべく小さくしたい」というユーザーにとって、期待できるサービスです。

2.6 IaaS選定ガイドライン

IaaSはPaaSと比較し、自由度が高いものです。それは裏を返せば、考慮すべき点が増えることを意味します。自由には責任がつきものです。例えば可用性、スケーラビリティ、セキュリティなどを考慮し、ユーザーがインフラを設計、構築、維持しなければいけません。

AzureはPaaSを一枚岩のフルスタックサービスではなく、部品として提供しています。つまりIaaSとPaaSを組み合わせやすいと言えます。例えば、「Webフロントエンドとデータベースには PaaSを使い、バックエンドのビジネスロジックは仮想マシンに配置する」という構成が可能です。

「IaaSを選択したらIaaSだけを使わなければいけない」ということはありません。PaaSも含めて適材適所で選定し、組み合わせましょう。本節ではその選定ポイントを紹介します。

2.6.1 Azureアプリケーションの設計原則

Microsoftは公式ドキュメントで、Azure上で動かすアプリケーションの設計原則を紹介しています。アプリケーション、すなわちシステムをどのように設計すべきかが端的にまとめられており、示唆に富んでいます。

> **参考資料**
> 「Azureアプリケーションの10の設計原則」
> https://docs.microsoft.com/azure/architecture/guide/design-principles/

この原則に、IaaSとPaaSの選択基準のヒントが数多くあります。この原則を満たすようなシステムをIaaS上にどのように作るか、もしくはPaaSを選んだほうがいいか、イメージしながら読んでみてください。元のドキュメントはボリュームがあるので、以降では重要な点のみ、IaaS視点のコメントを加えて紹介します。

■ 自己復旧の設計

システムに障害はつきものです。仮に障害が起こったとしても、サービス継続のために自己復旧できるようにしましょう。そのためにはエラーを検知し、自動で復旧する仕組みが必要です。アプリケーションがどのように障害を検知し、リトライ、フェイルオーバーするか、アプリケーション、インフラどちらか一方に偏らず、両面から設計しましょう。また、テスト計画も重要です。意図的に障害を起こすことで継続的にその対応力を検証、維持する「Chaos Engineering」も検討の価値があります。

■ すべてを冗長化

アプリケーションとそれを支えるインフラの要素を冗長化し、単一障害点をなくしましょう。IaaSでは可用性セットとAzure Load Balancer、マネージドディスクがその基本です。リージョンレベルでの冗長化にはAzure Traffic Managerが役立ちます。

IaaS上での冗長化が負担に感じる場合は、それがサービスに組み込まれているPaaSを活用するのも手です。

■ 調整を最小限に抑える

同時実行数を増やす妨げとなる、アプリケーションのロック対象を小さく、少なくしましょう。従来の同期型、データを1つのデータベースにまとめるというやり方ではなく、キューとワーカーによる非同期化と負荷分散、データストアを更新と参照で分離するCQRS（Command and Query Responsibility Segregation：コマンドクエリ責務分離）など、多様な選択肢があります。

■ スケールアウトのための設計

シンプルにノードやリソースを追加すれば処理能力が上がるようにしましょう。どこにボトルネックが生じるかを検証し、見極めることが重要です。また、スケールアウトしっぱなしではなく、処理量が落ち着いたらどのように縮小、スケールインするかも考慮点です。Azure Virtual Machine Scale Setsが役立つかもしれません。縮小時にノード、リソースを安全に停止、削除できる仕組みを実装しましょう。

■ パーティション分割による制限の回避

100vCPUや1TBメモリを超える仮想マシンが使えるようになるなど、Azureのリソース量の制約は以前より緩くなっています。ですが、個別に物理レベルから目的に特化した設計ができる環境と比べ、マシンサイズ、ネットワーク帯域、データベースサイズなど、制約はあります。制約、限界があることを念頭に、リソースを分割、パーティショニングしましょう。

■ 操作に合わせた設計

運用担当者の役割は時代によって変化するものです。Azure上でアプリケーションを動かす組織の運用担当者は、デプロイ、監視、個々のインシデントへの対応とエスカレーション、セキュリティレベルの維持と監査など、広い責任範囲をカバーする必要があります。

運用は開発フェーズの終盤で後付けするものではなく、早い段階から主体的に設計すべきです。仕組み作りと改善に時間を使えるように、目視と手作業を減らし、タスクは機械的に、自動的に実行しましょう。ログ収集の徹底、監視と自動アクションサービスの活用、Infrastructure as Codeによるデプロイの自動化はその例です。

■ 管理対象サービスの使用

マネージドサービス、PaaSはベンダーのノウハウや知見、ユーザーの声が基盤として具現化したものと言えます。可用性、スケーラビリティ、セキュリティなど、IaaSではユーザーが考慮しなければならない要素がすでに組み込まれており、その維持もサービスとして提供されます。

■ ジョブに最適なデータストアの使用

Azureでは特徴ある、多様なストレージ、データストアサービスが提供されています。要件を整理し、適材適所で選択しましょう。仮想マシンに接続されたストレージ、データベー

スがすべてではありません。ドキュメント指向データベース、グラフデータベース、キー/バリューストア、検索用データベース、時系列データベースなど、さまざまな選択肢があります。

■ 改良を見込んだ設計

ビジネスが変化のスピードを高めれば、システムも変化を求められます。変化が多い、または予想されるアプリケーションは、変化させやすい大きさ、機能のサービスへ分割しましょう。なるべく他のサービスに依存せず、そのサービスだけでテストできる仕組みを作ることも重要です。

■ ビジネスニーズに合わせた構築

すべてをビジネス要件で判断しましょう。当然な話ではありながら、それが曖昧である、また、その議論と合意が敬遠されていることもあるはずです。例えばダウンタイムの許容時間、目標とするスケーラビリティ、レスポンスタイムなどが合意、明文化されているでしょうか。それを実現するのに必要なコストを容易に算出できるようになっているでしょうか。そして、要件とそれにかけられるコストは釣り合っているでしょうか。

2.6.2 設計原則を参考にIaaSを選定する

前項ではAzureアプリケーションの設計原則を紹介しました。もちろん、「これらの原則すべてを満たさないとAzureは使えない」というわけではありません。あくまでAzureを使いこなすための参考指針です。ですが、Azure上にシステムを作るにあたり、技術要素を選ぶガイドラインになるはずです。

読者の皆さんの組織では、ビジネス要件と制約、メンバーのスキルなど、多様な視点で技術要素を選択しているはずです。そこにこれらの原則を加えてみてください。自由にIaaS上に作るべきか、原則を適用しやすいPaaSを活用すべきか、それらを組み合わせるのか、選定の助けになると思います。次章以降でPaaSについても理解を深め、その上でIaaSかPaaSかを選択してください。

第3章 データベース、データ分析、AI（人工知能）、IoT (Internet of Things)

Azureにはリレーショナルデータベースサービスだけでなく、大規模なデータの処理に特化したデータベースサービスが存在し、データ分析、機械学習やリアルタイムデータ処理、視覚や音声を認識するAI（人工知能）サービス、IoT (Internet of Things、モノのインターネット）ソリューションのためのサービスが存在します。本章では、これらの概要について説明します。

3.1 Azure SQL Database

本節では、Azure SQL Databaseの概要、操作方法について説明します。

3.1.1 Azure SQL Databaseの概要

Azure SQL Databaseは、SQL Serverエンジンベースのリレーショナルデータベースサービスです。ユーザーは、管理をほとんど必要とせずにデータベースの高可用性やデータの保護などを実現でき、パフォーマンスレベルの変更も容易です。そのため、ユーザーはこれらの作業に時間をかけることなく、アプリケーション開発をより迅速に進めることが可能となります。また、Azure SQL Databaseは既存のSQL Server対応のツールやライブラリをサポートしているため、SQL ServerからAzure SQL Databaseへの拡張や移行を容易に行うことができます。

3.1.2 Azure SQL Databaseのパフォーマンスと可用性

Azure SQL Databaseではパフォーマンスレベルを自由に変更でき、また高可用性が担保されています。そのため、何らかの障害が発生した場合でも、ダウンタイムが最小限になるように設計されています。ここでは、これらの点について記載します。

■ Azure SQL Databaseのパフォーマンス

Azure SQL Databaseには、DTU、仮想コアという2つの購入モデルがあります。まず、従来から提供されていたDTUベースの購入モデルを紹介しましょう。

■ DTUベースの購入モデル

DTUベースの購入モデルには、ワークロードを処理する複数のサービス階層が存在し、パフォーマンスが高い順にPremium、Standard、Basicという階層が存在します。加えて、この3つの階層のそれぞれにより細かいサービスレベル(B、S12、P15など)が存在し、必要に応じて自由に変更することができます。詳細は次の資料を参照してください。

参考資料

「Azure SQL Databaseの購入モデルとリソース」
https://docs.microsoft.com/azure/sql-database/sql-database-service-tiers

表3-1 DTUの一覧

	Basic	Standard									Premium					
	B	S0	S1	S2	S3	S4	S6	S7	S9	S12	P1	P2	P4	P6	P11	P15
最大DTU	5	10	20	50	100	200	400	800	1,600	3,000	125	250	500	1,000	1,750	4,000
最大ストレージ容量(GB)	2	250			1,024						1,024				4,096	
最大インメモリOLTPストレージ容量(GB)	N/A	N/A									1	2	4	8	14	32
最大同時実行ワーカー数	30	60	90	120	200	400	800	1,600	3,200	6,000	200	400	800	1,600	2,400	6,400
最大同時セッション数	300	600	900	1,200	2,400	4,800	9,600	19,200	30,000		30,000					
バックアップ保有期間(日)	7	35									35					

Azure SQL Databaseでは、データベースの相対的な能力を表すため、DTU(データベーストランザクションユニット)という単位を定義しています。DTUはCPU使用率、メモリ使用量、ディスクI/Oを組み合わせた値で、どの程度のリソースを使用できるかどうかの指標となります。これらの値はAzureポータル上の監視情報や、sys.dm_db_resource_statsビューやsys.resource_statsビューのクエリ結果から確認することが可能です。

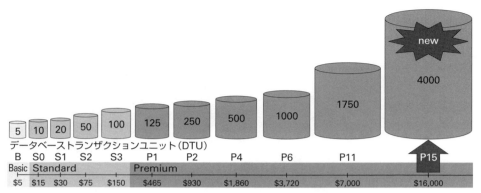

図3-1　DTUの拡張

参考資料

「監視とパフォーマンスのチューニング」
https://docs.microsoft.com/azure/sql-database/sql-database-monitor-tune-overview

■ **仮想コアベースの購入モデル**

仮想コアベースの購入モデルは、2018年4月にプレビューになった、新しい購入モデルです。このモデルは、DTUモデルとは違い、コンピューティング（仮想コア）/メモリとストレージを独立してスケール可能です。General Purpose（汎用）、Business Criticalという2つのサービス階層があります。

仮想コアモデルでは、「1.1.5　複数の購入オプション」で紹介した、1年間、または3年間の利用をコミットすることで大幅な割引を受けられる「予約容量」、オンプレミスのWindows Server、SQL Serverのライセンスを持ち込むことで割引を受けられる「Azureハイブリッド特典」が利用可能です。

2018年9月のIgnite 2018カンファレンスで、新しいサービス階層「ハイパースケール」が発表され、パブリックプレビューが始まりました。ハイパースケールは、新しいアーキテクチャを導入し、従来の最大4TBを大幅に上回る、最大100TBのデータベースサイズをサポートします。

■ **Azure SQL Databaseの可用性**

Azure SQL Databaseのサービスは複数のノードで提供されており、Premium/Business Criticalレベルの1つのデータベースのバックエンドには1台のプライマリノードと複数のセカンダリノードが存在します。これらのノード間では常にデータが同期されており、何らかの更新処理を行った場合、プライマリノードからセカンダリノードへとその変更がレプリケートされていきます。このため、もしプライマリノードにおいて障害が発生した場合でも、すぐにセカンダリノードの1つをプライマリノードに昇格することで、ダウンタイムを極力減らし、サービスを維持できる仕組みが実装されています。この動作は再構成（リコンフィギュレーション）と呼ばれます。

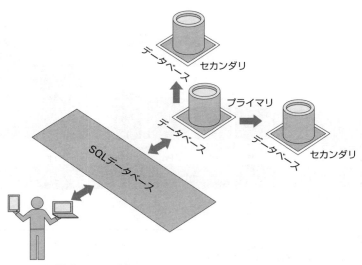

図3-2 再構成のイメージ

　この再構成は障害時以外にも、メンテナンス時など必要に応じて発生します。そして役割の切り替えの間、数秒程度ではありますが、データベースへのアクセスができなくなり、また既存の接続は切断されることになります。そのため、アプリケーションを作成する上で、接続の再確立を含めたリトライ処理の実装が重要になります。

　目安としては15秒間隔にてリトライ処理を行い、数分間程度のリトライ処理が行われるようにリトライ回数を実装することをお勧めします。この点については要件によって異なるため、適宜、検討してください。

　また、Azure SQL Databaseでは自動的にバックアップが取得されています。Basicレベルでは7日、Standard/Premiumレベルでは35日、仮想コアモデルでは最大35日のリテンション期間の中で、必要に応じて以前の状態へと復元（ポイントインタイムリストア）することができます。ミッションクリティカルなシステムの場合には「アクティブ地理レプリケーション」と呼ばれる機能を使って、別のリージョンにデータベースをレプリケートすることが可能です。さらに、アクティブ地理レプリケーションによる接続先の透過的な切り替えも可能で、ユーザーは障害発生時にその都度、接続先を自分で切り替える必要がありません。詳しくは次の資料を確認してください。

参考資料

「Azure SQL Databaseによるビジネス継続性の概要」
https://docs.microsoft.com/azure/sql-database/sql-database-business-continuity
「概要：アクティブgeoレプリケーションと自動フェールオーバーグループ」
https://docs.microsoft.com/azure/sql-database/sql-database-geo-replication-overview

3.1.3　Azure SQL Databaseの操作

ここではAzure SQL Databaseを管理・操作するツールについて紹介します。Web上には数多くのツールが公開されていますが、ここでは4つのツールについて取り上げます。

■ Azureポータル

データベースやサーバーを簡単に作成することができ、また監視画面から負荷状況を把握することが可能です。また、「Query Performance Insight」と呼ばれる機能を用いることで、Azureポータル上から負荷の高いクエリの特定や分析を行うことができます。より詳細な解析やクエリの実行が必要な場合には、以下に紹介するツールの利用をお勧めします。

■ SQL Server Management StudioとVisual Studio

SQL Server Management Studio（SSMS）とVisual Studioは、SQL Serverの管理や開発を行うための、無償提供されているWindowsで動作するクライアントツールです（Visual Studioはエディションにより価格は異なり、Communityエディションのみ無償です）。SQL Serverでは、データベース管理者であればSQL Server Management Studio、開発者であればVisual Studioが多く利用されてきましたが、Azure SQL Databaseでも利用することが可能です。

また最近では、毎月のように新バージョンがリリースされており、最新のAzureサービスに対して対応するようになっています。以下では各ツールにてどのように管理・操作を行えるのかを簡単に紹介します。

■ SQL Server Management Studio（SSMS）

以下のURLより最新のSQL Server Management Studioをダウンロードすることが可能です。

「SQL Server Management Studio（SSMS）のダウンロード」
https://docs.microsoft.com/sql/ssms/download-sql-server-management-studio-ssms

SQL Server Management Studioを起動すると、以下のようにログイン画面が入力されます。この画面に、Azure SQL Database作成時に設定したログイン名とパスワードを入力して、データベースにアクセスすることができます。

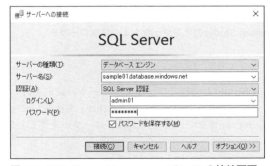

図3-3　SQL Server Management Studioの接続画面

注意点としては、Azure SQL Database側で事前にファイアウォールの設定を行い、クライアントからのアクセスを許可する必要があります。

これを設定するには、Azureポータル上から［＜該当のSQL Server＞］―［ファイアウォール設定］を選択し、該当のクライアントIPアドレスを入力します。また、［Azureサービスへのアクセスを許可］の設定を有効にしている場合は、Azureサービス（仮想マシンやWeb Appsなど）からIPアドレスの設定をしていなくても接続できるようになります。

図3-4　Azure SQL Databaseのファイアウォール設定

正常にログインすると、次のような画面になります。左側のオブジェクトエクスプローラーには、該当データベースの情報やセキュリティ情報がツリー構造で表示されます。ここから必要なデータベースに対して適切な処理を簡単に行うことができます。

例えば、［新しいクエリ］をクリックして対象のデータベースを選択し、クエリウィンドウに任意のクエリを記載することで実行することができます。

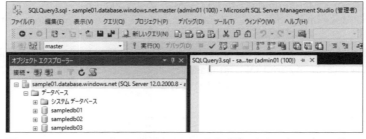

図3-5　SQL Server Management Studioのオブジェクトエクスプローラー

■ Visual Studio

SQL Server Management Studioと同様にファイアウォールの設定を行い、必要な接続情報を入力するのみです。サーバーエクスプローラーで［Azure］を展開して［SQLデータベース］を右クリックし、［SQL Serverオブジェクトエクスプローラーを開く］を選択します。

第**3**章 データベース、データ分析、AI（人工知能）、IoT（Internet of Things）

図3-6 Visual Studioからの接続

その後、SQL Server Management Studioと同様にデータベースに接続でき、ここからクエリを実行することも可能です。

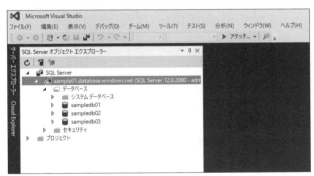

図3-7 Visual StudioのSQL Serverオブジェクトエクスプローラー

参考資料

「Azure SQL Databaseでの論理サーバーと単一データベースの作成と管理」
https://docs.microsoft.com/azure/sql-database/sql-database-single-databases-manage

---

■│ Azure Data StudioとVisual Studio Code

SQL Server Management Studio、Visual StudioはWindowsで動作するツールですが、Microsoftはクロスプラットフォームのサポートにも注力しています。Windows、macOS、Linux上で利用可能なツールとして、2018年9月のIgnite 2018カンファレンスで一般提供（GA）になった「Azure Data Studio」、コードエディター「Visual Studio Code」の拡張機能「mssql」があります。

3.1.4 Azure SQL Databaseの連携・データの可視化

Azure SQL Databaseに格納されているデータは他のAzureサービスと簡単に連携でき、それらのデータを有効利用することが可能です。数多くの機能がありますが、ここではPower BI、そしてMicrosoft Office製品のひとつであるExcelを利用した連携について説明します。

■ Power BI

Power BIは対話型のデータ視覚化/BIツールであり、GUI操作によって簡単にレポートを作成することができます。このとき、データセットとしてAzure SQL Databaseを選択することができ、サーバー情報を入力するだけで簡単に連携することができます。

具体的には、Power BI DesktopからAzure SQL Databaseへ接続し、Power BI Desktopで作成したレポートをPower BIサービスに公開することが可能です。

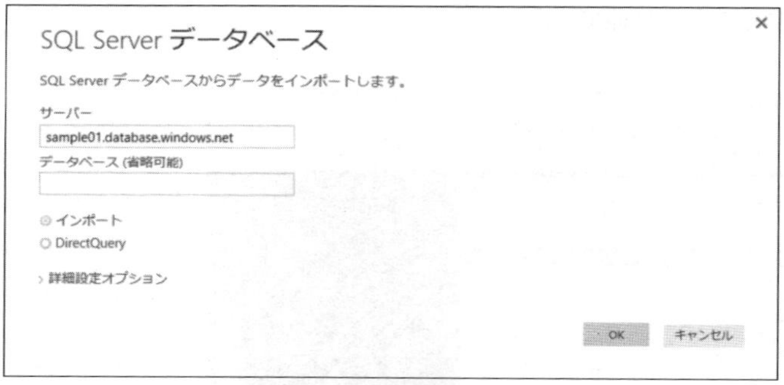

図3-8 Power BI Desktopにおける接続画面

接続後は、必要なデータセットおよびグラフを選択するだけで簡単に視覚化できます。クエリ等を書く必要はなく、SQLに詳しくない人でも利用することができます。

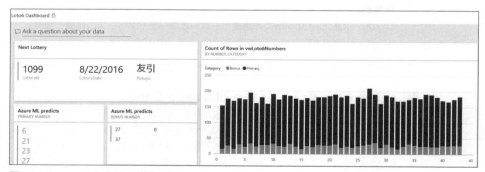

図3-9 Power BIにおけるグラフ例

参考資料

「Power BI Desktopの取得」
https://docs.microsoft.com/power-bi/desktop-get-the-desktop
「Power BI Desktop での一般的なクエリタスク」
https://docs.microsoft.com/power-bi/desktop-common-query-tasks

■ Excel

Excelにおいても、ウィザードに従い接続情報を入力することで、Azure SQL Databaseに簡単に接続することが可能です。

このように、オンプレミスとクラウドのハイブリットによるレポート作成が非常にシンプルにでき、オンプレミスとクラウドの間の壁がより低くなっていることがわかります。

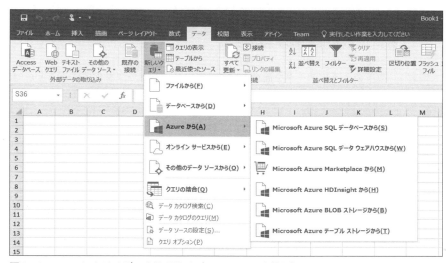

図3-10　Excelにおけるデータ取り込み（Excel 2016を使用）[1]

---

[1] Excel 2013/2010の場合は、以下の資料を参照してください。
「Microsoft Azure SQLデータベース（Power Query）に接続します。」
https://support.office.com/article/9f621fd9-5f22-4c57-b247-eb0be8b7bac4

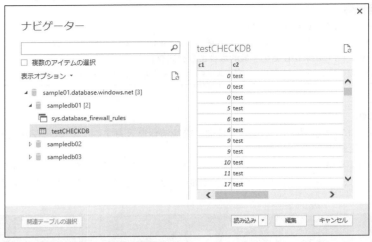

図3-11　Excelにおけるデータ選択

以下のようにデータを簡単に取り込み、任意のグラフを作成することができます。

	A	
1	c1	c2
2	0	test
3	0	test
4	0	test
5	5	test
6	6	test
7	6	test

図3-12　データ取り込み後

参考資料
「ExcelをAzure SQLデータベースに接続し、レポートを作成する」
https://docs.microsoft.com/azure/sql-database/sql-database-connect-excel

3.1.5　エラスティックプール、Managed Instance

　Azure SQL Databaseには、デプロイのオプションがあります。ここまで紹介してきたAzure SQL Databaseは、Azure SQL Databaseの提供当初から利用可能だったデプロイのオプションである「単一データベース」です。

　他のオプションとして、プール内の多数のデータベースがリソース（DTUや仮想コア）を共有する「エラスティックプール」があります。エラスティックプールは、多数の顧客にサービスを提供するSaaSのシナリオなどで便利です。

2018年10月に一般提供（GA）になった「Managed Instance」と呼ばれるデプロイのオプションもあります。Managed Instanceは、オンプレミスのSQL Serverとの100％に近い互換性を持つので、オンプレミスのSQL Serverからの移行に最適なオプションです。Managed Instanceで、前述の予約容量、Azureハイブリッド特典を併用すれば、大きなコストメリットを得ることができるでしょう。移行時には、データベース移行を支援するサービス「Azure Database Migration Service」を使うことをお勧めします。

「Azure Database Migration Service」
https://azure.microsoft.com/services/database-migration/

3.2 Azure SQL Data Warehouse

　Azure SQL Data WarehouseはAzure上における並列分散データベースサービスです。容易にスケールアウトすることができるため、柔軟に大規模データ処理を行うことができます。超並列処理（MPP）と呼ばれるアーキテクチャで、大規模なデータを処理することが可能です。
　本節では、Azure SQL Data Warehouseについての概要、そして実際にデータをロードし、スケール変更をすることでどの程度、処理が高速になるのかを説明します。

3.2.1 Azure SQL Data Warehouseの概要

　Azure SQL Data Warehouseは、大規模なデータ処理に向いている並列分散データベースサービスです。Azure SQL Data Warehouseの内部では、ストレージ部分とコンピューティング部分に分かれています。そして、必要となる計算量に応じて、コンピューティング部分のスケーリングが容易です。次の図はこのアーキテクチャの全体像です。

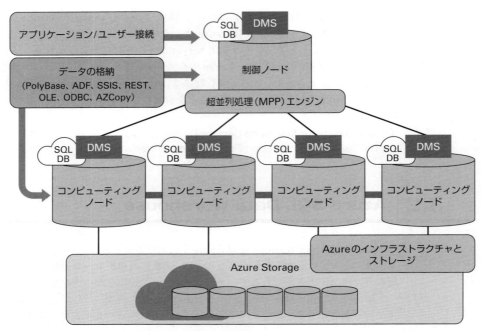

図3-13　Azure SQL Data Warehouseのアーキテクチャ[※2]

Azure SQL Databaseとの違い

　Azure SQL Data WarehouseはAzure SQL Databaseと似たような操作性で利用できるため、混同されやすいですが、Azure SQL Databaseはデータベース容量の上限が4TBなのに対し、Azure SQL Data Warehouseは1TBごとに容量を自動的に増やすことが可能で、最大240TBまで拡張可能です。大規模なデータを分析する場合は、Azure SQL Data Warehouseを選ぶとよいでしょう。また、コンピューティング能力は、DWU（データウェアハウスユニット）と呼ばれる単位で管理されます。この値は、Azure SQL DatabaseにおけるDTUと名前は似ていますが、コンピューティング能力を表す独自の指標です。DWUはCPUやメモリ等の組み合わせにより決まりますが、特に次の3つの速度がDWUの値と比例して速くなるよう意識して作られています。

- スキャン/集計
- 読み込み
- CREATE TABLE AS SELECT

　スケーリングの変更は、4〜5分ほどの時間で可能であり、GUIでの操作も可能です。実際にどのDWUが最適かは、クエリを実行しながら試してみることをお勧めします。DWUを変

[※2] 以下の資料より作成
「Azure SQL Data Warehouseの概要」
https://docs.microsoft.com/azure/sql-data-warehouse/sql-data-warehouse-overview-what-is

更すると、実行中のクエリが停止されることに注意が必要です。右の表に、2015年4月のBuild 2015カンファレンスで紹介された、DWU値に応じた10億行のスキャン速度を示します。DWU値を2倍、4倍にするにつれ、スキャン時間が約1/2、1/4に短縮されていることがわかります。

表3-2 Build 2015カンファレンスで紹介された10億行スキャンの検証結果

DWU 値	秒数
100	297
400	74
800	37
1,600	19

■ 料金体系

DWUを上げると、スキャン速度などのパフォーマンスが向上します。このDWUに応じて、課金される料金の額が変わってきます。Azure SQL Data Warehouseはコンピューティング部分とストレージ部分に分かれますが、料金もコンピューティング（DWU）とストレージごとに、それぞれ1時間ごとに課金されます。

料金計算ツールがオンラインで公開されているため、リージョンと通貨を指定して実際にどれくらいの金額が課金されるかを確認できます。

参考資料
「SQL Data Warehouseの価格」
https://azure.microsoft.com/pricing/details/sql-data-warehouse/

後述するようにデータウェアハウスを一時停止することで、コンピューティング部分の料金を止め、ストレージ分のみの課金に抑えることができます。一時停止を行うと、実行中の操作は取り消されますが、ストレージに格納されたデータはそのまま残っているので、再開すれば今までどおりにデータウェアハウスを利用することが可能です。

個人で利用する際の注意点として、一番低い「100DWU」でも、1日で約3000円ほど課金されるので、データウェアハウスを作成した場合は必ず最後に一時停止することをお勧めします。実際の運用の場面では、必要となる計算資源に合わせて、適宜DWUを変更し、一時停止を活用することが望ましいでしょう。

Azure SQL Data Warehouseで当初から提供されていたパフォーマンスレベル「コンピューティング最適化Gen1」に加えて、2018年4月に、さらに高いパフォーマンスを提供する「コンピューティング最適化Gen2」が一般提供（GA）になりました。Gen 1のDWUに代わって、Gen 2では「cDWU（コンピューティングDWU）」単位になります。

■ サポートされる機能

Azure SQL Data Warehouseは徐々にサポートされる機能を増やしているものの、本書執筆時点では、例えばプライマリキーといった機能や一部のデータ型などがサポートされていません。詳細については次の資料を参照してください。

参考資料
「Azure SQL Data Warehouseでのテーブルの設計」
https://docs.microsoft.com/azure/sql-data-warehouse/sql-data-warehouse-tables-overview

3.2.2 Azure SQL Data Warehouseの作成

　Azureポータル上で、Azure SQL Data Warehouseのインスタンスを作成してみましょう。Azureポータルの左ペインで［リソースの作成］—［Databases］—［SQL Data Warehouse］の順にクリックし、データベース名やサーバーの設定を行います。作成済みのデータウェアハウスをAzureポータル上から確認する場合は、［SQLデータベース］から一覧を確認できます。

図3-14　Azureポータル上でのSQLデータベース一覧

■ クライアントPCから接続を行う

　Azure SQL Databaseと同様に、SQL Server Management Studioを用いてAzure SQL Data Warehouseに接続できます。SQL Server配下にあるAzure SQL DatabaseとAzure SQL Data Warehouseが一緒に一覧表示されます。
　図3-15では、Azure SQL DatabaseとAzure SQL Data Warehouseのアイコンが別々に表示されていることがわかります。

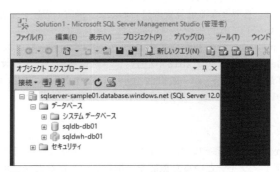

図3-15　SQL Server Management Studio上でのデータベース一覧

　また、データベース名を右クリックして［新しいクエリ］を選択することで、T-SQLを発行することが可能です。［新しいクエリ］を選択することでAzure SQL Data Warehouseとの接続が確立されますが、この接続のセッション最大数は1024です。他のさまざまな制限数に関しては次の資料を参照してください。

> **参考資料**
> 「SQL Data Warehouseの容量制限」
> https://docs.microsoft.com/azure/sql-data-warehouse/sql-data-warehouse-service-capacity-limits

　せっかくAzure SQL Data Warehouseのインスタンスを作成しても、実際にデータが存在しなければ始まりません。データをひとつひとつ地道にINSERTすることも可能ですが、次項ではすでにオンプレミス上にあるデータを移行する方法の概要を紹介し、続く3.2.4項では実際にサンプルデータを使用して、Azure SQL Data Warehouseを試してみます。

3.2.3　Azure Data Factoryによるデータ移行

　Azureにはデータの移行・加工のためのサービスであるAzure Data Factoryがあります。本項ではその作業方法を紹介します。

■ ローカルPC上のデータをAzure上に移す

　Azure SQL Data Warehouse上にデータを移行する方法は、いくつか存在します。例えば、以下のような方法があります。

- Azure Data Factory
- PolyBase
- SQL Server Integration Services（SSIS）
- bcp（コマンドラインツール）

　Azure Data Factoryは操作がシンプルで、かつ、Azure SQL Data Warehouseに限らず複数のデータソース間でデータの移行が可能です。スケジュールを設定して、決まった時間にデータを移行する自動化も可能であり、運用時にも活用可能です。データ量が大きくない場合はAzure Data Factoryを、データ量が大きく、パフォーマンスが必要な場合は（T-SQLを使ってデータウェアハウス外部のデータにアクセスできる）PolyBaseを使用することを検討してください。PolyBaseを使用する場合は、文字のエンコードをUTF-8にする必要があります。

■ Azure Data Factory

　Azure Data Factoryによるコピーを行うためには、以下の作業が必要です。

1. Azure Data Factoryの作成
2. データをコピーするための設定

　1はAzureポータルで、2はコピーツールを使うことで可能なので、非常に簡単に実現できます。具体的な手順は、次の資料を参考にしつつ、コピーウィザードの変換先にAzure SQL Data Warehouseを指定してください。

> **参考資料**
> 「Azure Data Factoryを使用したAzure SQL Data Warehouseへのデータの読み込み」
> https://docs.microsoft.com/azure/data-factory/load-azure-sql-data-warehouse

なお、オンプレミス環境からデータを移行する際には、「自己ホスト型統合ランタイム」を使用します。

> **参考資料**
> 「自己ホスト型統合ランタイムを作成し構成する方法」
> https://docs.microsoft.com/azure/data-factory/create-self-hosted-integration-runtime

3.2.4 Azure SQL Data Warehouseの活用

ここでは、Azure SQL Data Warehouse上ですでに用意されているサンプルデータセットを用いて、実際にDWUを変更した際の、パフォーマンスの差を確認します。

［リソースの作成］―［Databases］―［SQL Data Warehouse］をクリックし、各項目を入力する際に、［ソースの選択］で［サンプル］を選択すると、［AdventureWorksDW］のサンプルデータが選択されるので、そのまま［作成］を行います。

■ DWUの設定変更

Azureポータル上で操作する場合、作成済みのAzure SQL Data Warehouseを選択し、［概要］の［スケール］をクリックします。スケーリングを変更するためのスライダーが表示されるので、変更したい

図3-16　Azureポータル上でのDWU変更画面

DWUの値に設定して［保存］をクリックすると、DWUが変更されます。またポータル上の操作だけでなく、Azure PowerShellやT-SQLでもDWUの変更が可能です。

100DWUと400DWUの処理時間の差を確認します。本来、パフォーマンス比較を行う際は、キャッシュの働きなどさまざまな環境要因を考慮する必要があるため、あくまで実測値は参考までに捉えるべきであることに注意してください。

CREATE TABLE AS SELECT（CTAS）を用いて、AdventureWorksDWのテーブルをコピーして削除することを10回繰り返します。

SQL Server Management Studioを起動し、AdventureWorksDWを作成済みのSQL Serverに接続します。AdventureWorksDWを右クリックし、［新しいクエリ］でエディターを開いて次のコードを実行します。

リスト3-1　性能を確認したクエリ

```
DECLARE @st_date as datetime
SET @st_date = getdate()
DECLARE @i int
```

```
SET @i = 0

WHILE (@i < 10)
BEGIN
CREATE TABLE tmp WITH (DISTRIBUTION = ROUND_ROBIN) AS SELECT * FROM
DimCustomer
DROP TABLE tmp
  SET @i = @i + 1;
END

SELECT DATEDIFF(ms, @st_date,getdate())
```

実際に、本書執筆の際に取得した平均時間（5回試行の算術平均）は次のとおりです。

- 100DWU：22.0798秒
- 400DWU：12.3304秒

■| その他の機能

最後に、ここまで取り上げてこなかったいくつかの機能をご紹介します。

■ 一時停止

一時停止要求を送信すると、状態が「オンライン（Online）」から「一時停止しています（Pausing）」に変更され、一時停止が完了すると、「一時停止しました（Paused）」の状態に変更されます。再びAzure SQL Data Warehouseを稼働させるには、[開始]を選択します。一時停止の間はデータウェアハウスの利用はできませんが、コンピューティングの課金を抑えることが可能です。

■ 外部サービスとの連携

Azure SQL Data WarehouseはAzure SQL Databaseと同じく、Power BIを利用して可視化を行ったり、次節以降で紹介するAzure Stream Analytics、Azure Databricks、Azure HDInsight、Azure Machine Learningと連携することも可能です。先ほど利用したAdventureWorksDWを用いてPower BIを試す場合、データベースの[概要]の上部メニューにある[Power BIで開く]を選択すると簡単ですが、Power BIサービスやそのデスクトップアプリのPower BI Desktopを使用して、直接データソースに指定することも可能です。

Power BIについて詳細に学びたい方は、自習書シリーズがお勧めです。次のサイトからダウンロードできます。

参考資料
Power BI自習書のダウンロード
https://www.microsoft.com/ja-jp/cloud-platform/Solutions-BI-Data-Analytics.aspx

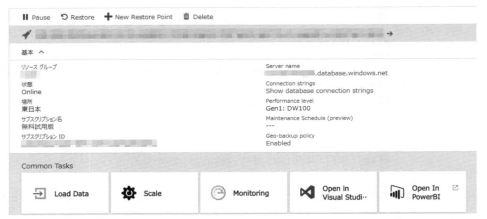

図3-17　Azureポータル上で、Azure SQL Data Warehouseの画面から一時停止/Power BIに接続

3.3 　Azure DatabricksとAzure HDInsight

本節では、Azure Databricks、Azure HDInsightについて説明します。

近年、ビッグデータというキーワードが当たり前のように使われ、ありとあらゆるデータが格納、分析、そしてユーザーに合わせたサービスを提供するために利用されています。IoT時代も幕開けし、2020年までには生成されるデータが約40ZB（ゼタバイト）まで膨れ上がると言われています。非構造化データも増えており、解析する立場にとっては、これらに柔軟に対応でき、かつ必要に応じてスケールを変更できるシステムが必要になってきました。そこで登場してきたのがAzure Databricks、Azure HDInsightです。

3.3.1 　Azure Databricksとは

Azure Databricksは、Azureが提供するSparkベースの分析プラットフォームです。Azure Databricksは、Microsoftと（Sparkの創始者が起業した）Databricks社が協力して設計したサービスです。環境をワンクリックでセットアップでき、効率的なワークフローが可能で、データサイエンティスト、データエンジニア、ビジネスアナリストが共同作業できる対話型のワークスペースが提供されています（図3-18）。

Azure Databricksは、2017年11月のConnect(); 2017カンファレンスで発表されプレビューが始まり、2018年3月に一般提供（GA）になりました。2018年9月のIgnite 2018カンファレンスでは、Azure Databricksが東日本/西日本リージョンに利用可能になりました。

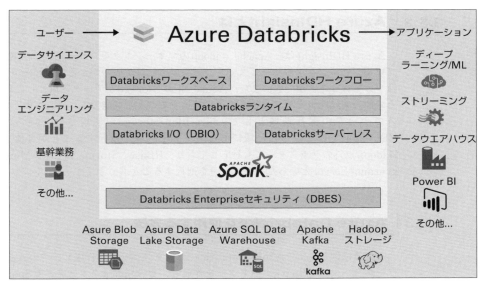

図3-18 Azure Databricks

　Azure Databricksは、オープンソースのSparkで構成されており、Sparkの次のコンポーネントが含まれています。

- **Spark SQLとDataFrame**：Spark SQLは、構造化データを処理するためのSparkモジュール。DataFrameは、名前付きの列に編成されたデータの分散型コレクション
- **Spark Streaming**：リアルタイムのデータ処理/分析
- **MLlib**：分類、回帰、クラスタリングなどの一般的なアルゴリズムとユーティリティで構成された、機械学習ライブラリ
- **GraphX**：グラフ、グラフ計算
- **Spark Core API**：R、SQL、Python、Scala、Javaをサポート

　Azure Databricksは、フルマネージドのSparkクラスターを提供します。秒単位でクラスターを作成でき、クラスターを動的、自動的にスケールアップ/ダウンできます。最新リリースのSparkの機能を、すぐに使うことができます。

　Azure Databricksは、共同作業のためのワークスペースを提供しており、Sparkでのデータ探索、プロトタイプ作成、データ駆動型アプリケーション実行のプロセスを簡素化します。

　Azure Databricksは、Azure Active Directory統合、RBAC（ロールベースのアクセス制御）といった、エンタープライズレベルのセキュリティをサポートしています。また、Azure SQL Data Warehouse、Azure Cosmos DB、Azure Blob Storage、Power BIなどのAzureサービスと統合されています。

3.3.2　Azure HDInsightとは

　Azure HDInsightは、Apache Hadoopのマネージドクラスターをクラウドにデプロイしてプロビジョニングするサービスです。従来であれば時間のかかる各種ノードの設定や追加を数十分で行うことができ、また、Azure Blob Storageがデータ領域として利用されるため、その他のAzureサービスとより簡単に連携することが可能です。これは多くのAzureサービスでデータの保存領域としてAzure Blob Storageが使用されているため、Azure HDInsightではこれらの領域にあるデータを簡単に分析することが可能です。もちろんHadoop以外のクラスターにも対応しており、HBase、Storm、Spark、Microsoft Machine Learning Serverといったクラスターを選択することもできます。

3.3.3　Azure Databricksを使用する方法

　ここでは例として、Azure Databricksワークスペースを作成し、そのAzure Databricksワークスペースで Sparkクラスターを作成し、そのSparkクラスターでSparkジョブを実行していきます。Sparkジョブでは、ラジオチャンネルのサブスクリプションデータを分析し、人口統計学的属性に基づく無料/有料使用についての分析情報を取得します。

　Azure DatabricksやAzure HDInsightのクラスターは、多数のvCPU（CPUコア）を必要とします。構成にもよりますが、数十のvCPUが必要なことが少なくありません。一方、Azureサブスクリプションでは、Azureリージョン、VMファミリーごとに、vCPUを最大いくつまで使用できるかを制限する「クォータ」が設定されています。Azure無料アカウントでは、非常に少ないクォータが設定されているため、Azure DatabricksやAzure HDInsightのクラスターを作成できません。クラスターを作成するには、Azure無料アカウントの使用制限を解除して、クォータを拡張する申請を行うか、または、Azure無料アカウント以外のAzureサブスクリプションを取得してください。Azure無料アカウント以外のAzureサブスクリプションであっても、クォータが不足している場合は、クォータを拡張する申請を行う必要があります。

　Azureポータルで、[すべてのサービス]—[サブスクリプション]に進み、対象のAzureサブスクリプションに進み、[使用量+クォータ]に進むと、クォータと、実際の使用量を確認できます（図3-19）。ここでは、東日本リージョンで、DSv2シリーズ、リージョンのvCPUの合計のクォータが4 vCPUであり、そのうちの3を使用済みであることなどがわかります。クォータを拡張する申請を行うには、右上の[引き上げを依頼する]ボタンをクリックします。

第3章 データベース、データ分析、AI（人工知能）、IoT（Internet of Things）

図3-19　Azureサブスクリプションのクォータ

クォータが十分なAzureサブスクリプションが準備できたら、Azureポータルで、左上の［リソースの作成］から［Azure Databricks］を選択し、Azure Databricksワークスペースを新規作成します。［Pricing Tier］では、14日間無料試用が可能な［Trial］を選択します（図3-20）。

図3-20　Azure Databricksワークスペースの新規作成

Azure Databricksワークスペースの作成が完了したら、Azureポータルで作成済みのAzure Databricksワークスペースにアクセスし、［Launch Workspace］（ワークスペースの起動）ボタンをクリックします（図3-21）。

図3-21　Azure Databricksワークスペースの起動

　Azure DatabricksポータルにSSO（シングルサインオン）され、作成済みのAzure Databricksワークスペースが表示されます（図3-22）。左下にある［New Cluster］（新規クラスター）をクリックします。

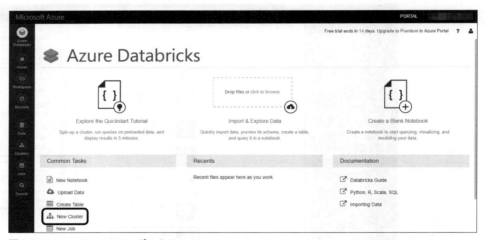

図3-22　Azure Databricksポータル

　クラスター名、Databricksランタイムのバージョン、ワーカーのVMサイズ、最小/最大ワーカー数などを指定します。ここでは、クラスター名を指定し、他の設定は既定のまま、［Create Cluster］（クラスターの作成）ボタンをクリックします（図3-23）。なお、この構成では、ドライバーの1ノード、ワーカーの最大8ノードの合計で最大36のvCPUを消費します。

図3-23　Sparkクラスターの作成

　Sparkクラスターの作成が完了し、クラスター一覧で対象のSparkクラスターが緑色の［Running］（実行中）表示になったら、対象のSparkクラスターをクリックして、Sparkクラスターのページに進みます（図3-24）。

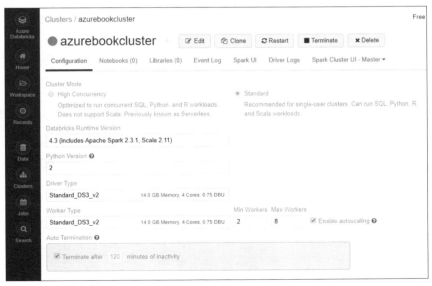

図3-24　Sparkクラスター

　次に、分析データをダウンロードして、Azure Blob Storageにアップロードしていきます。

まず、次のURLから、JSONファイル「small_radio_json.json」をダウンロードします。

http://aka.ms/smallradio

Azureポータルで、[ストレージアカウント]に進み、分析データをアップロードする既存のストレージアカウントを選択するか、[追加]をクリックして、ストレージアカウントを新規作成します。対象のストレージアカウントに進み、[Storage Explorer]に進みます。[BLOB CONTAINERS]（Blobコンテナー）を右クリックし、[Create Blob Container]（Blobコンテナーの作成）をクリックします（図3-25）。コンテナー名を指定して、コンテナーを作成します。

図3-25　Blobコンテナーの作成

作成済みのコンテナーをクリックし、[Upload]をクリックして、ダウンロード済みのJSONファイル「small_radio_json.json」をアップロードします（図3-26）。

図3-26　JSONファイルのアップロード

対象のストレージアカウントの[アクセスキー]に進みます。後で使うので、ストレージアカウント名、アクセスキーを確認します（図3-27）。

第3章 データベース、データ分析、AI（人工知能）、IoT（Internet of Things）

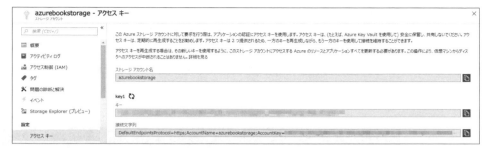

図3-27　ストレージアカウント名、アクセスキーの確認

次に、Azure Databricksのノートブックで、Azure Blob Storageからデータを読み取り、Spark SQL ジョブを実行していきます。Azure Databricksポータルで、左側メニューの［Workspace］をクリックし、［Workspace］―［Create］―［Notebook］をクリックします（図3-28）。

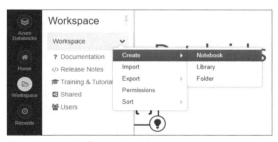

図3-28　ノートブックの作成

ノートブック名を指定し、言語として［Scala］を選択し、作成済みのSparkクラスターを選択して、ノートブックを作成します（図3-29）。

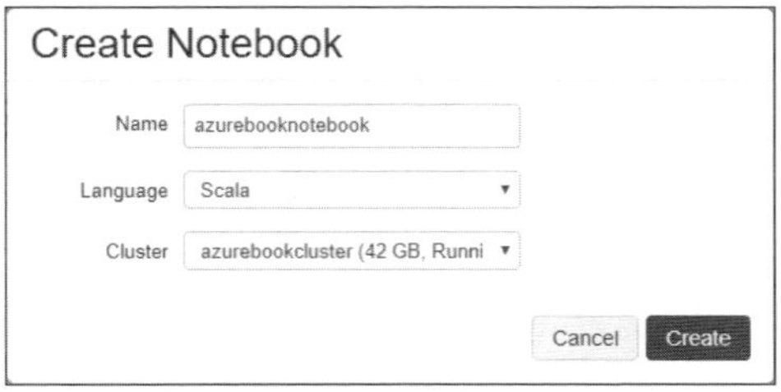

図3-29　ノートブックの作成

作成済みのノートブックに、次のコードをコピーし、**Shift + Enter**キーを押してコードを実行します。ここでは、Azure Blob Storageのコンテナーを、Databricks Filesystem（DBFS）のパス「/mnt/mypath」にマウントしています（図3-30）。

```
dbutils.fs.mount(
  source = "wasbs://<コンテナー名>@<ストレージアカウント名>.blob.core.windows.net/",
  mountPoint = "/mnt/mypath",
  extraConfigs = Map("fs.azure.account.key.<ストレージアカウント名>.blob.core.windows.net" -> "<アクセスキー>"))
```

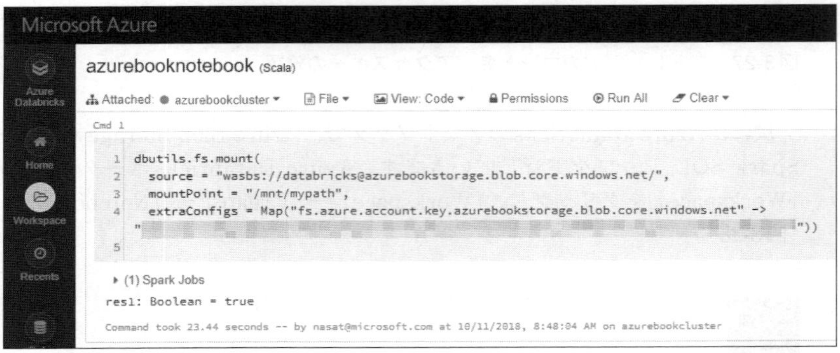

図3-30　Azure Blob Storageのマウント

　ノートブックに、次のコードをコピーし、**Shift + Enter**キーを押してコードを実行します。ここでは、Spark SQLで、Azure Blob Storage上のJSONファイルを基にして、テーブルを新規作成しています（図3-31）。

```
%sql
DROP TABLE IF EXISTS radio_sample_data;
CREATE TABLE radio_sample_data
USING json
OPTIONS (
 path "/mnt/mypath/small_radio_json.json"
)
```

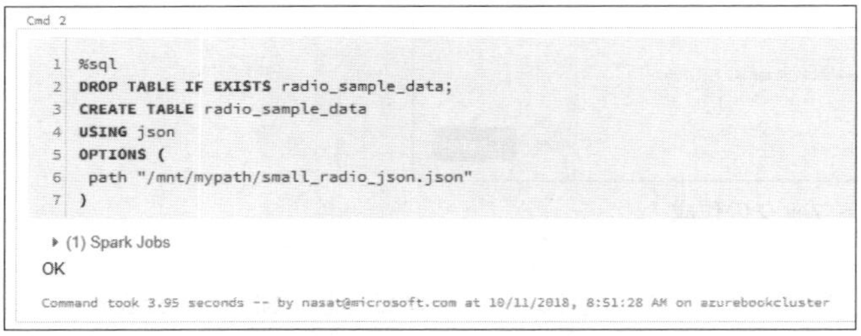

図3-31　テーブルの新規作成

　ノートブックに、次のコードをコピーし、**Shift + Enter**キーを押してコードを実行します。

第3章 データベース、データ分析、AI（人工知能）、IoT（Internet of Things）

ここでは、Spark SQLで、テーブルをクエリしています。結果が表形式で表示されています（図3-32）。

```
%sql
SELECT * from radio_sample_data
```

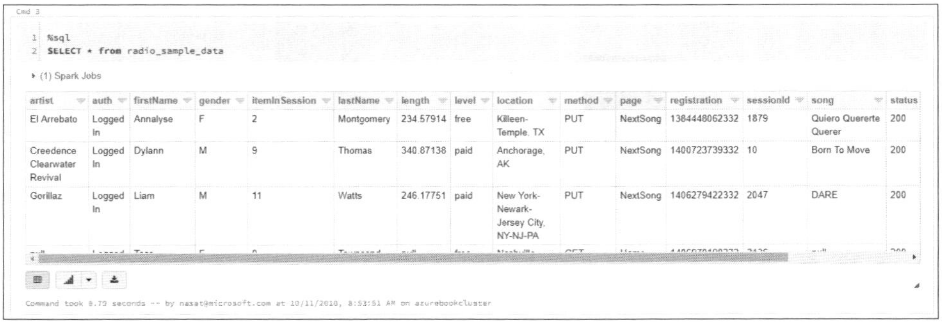

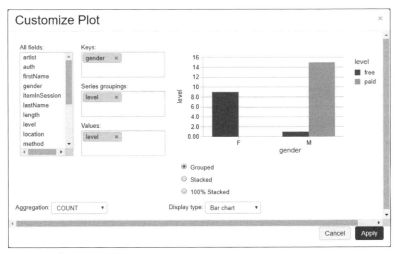

図3-32 テーブルのクエリ

下部のグラフのボタンをクリックし、[Bar]（棒グラフ）を選択します。[Plot Options]（プロットオプション）をクリックし、[Keys]に［gender］、[Series groupings]に［level］、[Values]に［level］、[Aggregation]に［COUNT］を指定し、[Apply]（適用）をクリックします（図3-33）。

図3-33 グラフのオプション

ノートブックで、プロットオプションで指定したグラフが表示されます。ここでは、すべての女性が無料サブスクライバーであり、男性の大部分は有料サブスクライバーであること

がわかります（図3-34）。

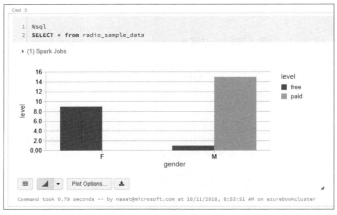

図3-34　グラフの表示

　作業が終了したら、Azure Databricksポータルで、左側メニューの［Cluster］から対象のSparkクラスターに進み、［Terminate］（停止）ボタンをクリックします（図3-35）。今後、使うことがない場合は、［Delete］（削除）ボタンをクリックします。

図3-35　Sparkクラスターの停止

3.3.4 Azure HDInsightを使用する方法

　Azureポータル上から数か所の設定を行うことで、任意のAzure HDInsightクラスターをデプロイすることが可能です。クラスターの種類にもよりますが、10～30分でデプロイは完了し、処理を行えるようになります。
　手順としては、まずAzureポータル上で［リソースの作成］─［Analytics］─［HDInsight］の順にクリックします。

第**3**章 データベース、データ分析、AI（人工知能）、IoT（Internet of Things) 99

図3-36 Azure HDInsightの新規作成

続いて、以下の必要な項目を設定していきます。すべての設定が終われば、後は待つだけです。

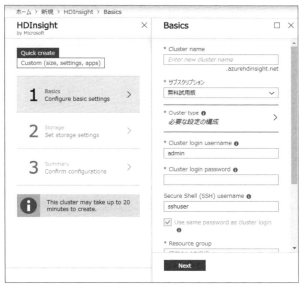

図3-37 Azure HDInsightの設定

なお、［クラスターの種類］をクリックして表示されるクラスター選択の画面では、Hadoopだけでなく、StormやSparkといったクラスターを選択することが可能です。

図3-38　クラスターの種類の設定

また、デプロイ完了後には、「Apache Ambari」と呼ばれるWeb UIとREST APIが利用できるようになり、クラスターを簡単に管理および監視できます。また、Hiveビューを使用すると、Webブラウザーから直接Hiveクエリを実行することもできます。

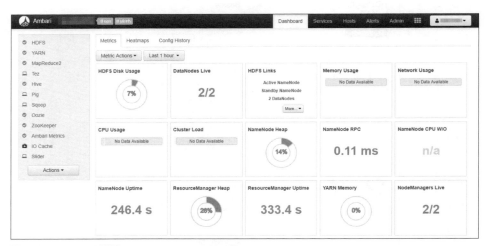

図3-39　Ambariの画面

注意点としては、Azure HDInsightはAzure SQL Data Warehouseのように一時停止する

ことができません。そのため、使用後にはクラスターを削除するように注意してください。データは Azure Blob Storage 上に存在するため、もし再度 Azure HDInsight クラスターが必要となった場合には、データが格納されているストレージを用いて再度クラスターをデプロイすることで、継続してデータを使用することが可能です。

3.4 Azure Event Hubs と Azure Stream Analytics

本節では Azure Event Hubs と Azure Stream Analytics について解説します。

3.4.1 リアルタイムデータ処理の基本と Azure の提供するサービス

近年、Spark、Hadoop に代表されるビッグデータ処理の基盤が急速に広まる中、過去に蓄積された膨大なデータの処理に加えて、リアルタイムにデータを処理しサービスへのフィードバックを行うストリーミングデータ処理の要求が高まってきています。「ストリーミングデータ」とは、時に数千から数万といった膨大なデータソースから断続的に生成されるデータを指します。例えば、産業機器のセンサーから発生するデータから、パフォーマンスを監視して潜在的な不具合の発生を予測し、メンテナンスのタイミングを制御して機器の故障を未然に防ぐといったものがあります。他にもインターネット広告のインプレッションやクリックストリームレコードを分析し、ユーザーのデモグラフィック情報や配信先と合わせて分析することでより投資対効果の高い広告配信を実現するといった、幅広い用途での活用が期待できます。

Azure ではリアルタイムデータ処理のサービスとして、2種類のサービスを提供しています。1つは前節で取り上げた Azure Databricks 上の Spark や Azure HDInsight 上の Storm/Spark というオープンソース実装で、もう1つは Azure 独自の機能である Azure Event Hubs と Azure Stream Analytics です。

3.4.2 Azure Event Hubs と Azure Stream Analytics

ストリーミングデータを処理する場合、データ処理のアプリケーションに直接データを送信せず、いわゆる「パブリッシュ/サブスクライブ (Pub/Sub)」型のアーキテクチャが一般的に用いられます。Pub/Sub 型のアーキテクチャにすることで、既存のクライアント/サーバー型と比較して個々のシステムが疎結合になり、よりスケーラブルなシステムを実現できるからです。そのようなデータ処理基盤を構築するにあたり課題になるのは可用性とスケーラビリティの確保ですが、Azure Event Hubs と Azure Stream Analytics を用いることで、そういった基盤を手早く簡単に整備することが可能になります。

図3-40のように、Azure Event Hubs は Azure Stream Analytics に限らず、各種のビッグデータ処理基盤のフロントエンド、およびゲートウェイとして機能します。

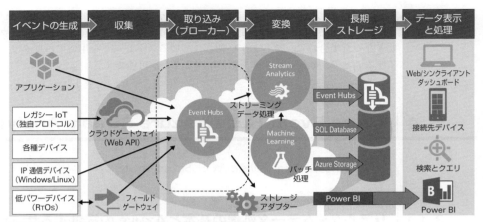

図3-40　Azureにおけるリアルタイムデータ処理の全体像

　Azure Event Hubsは秒間数百万件規模のイベントを処理できるスケーラブルなPub/Subサービスを提供しており、これを用いることで必要なキャパシティに応じたストリーミングデータの処理、分析をするバックエンドサービスとの連携や、独自のカスタムアプリケーションを作成することができます。

図3-41　Azure Event Hubsの概要

　Azure Event Hubsは膨大なイベントを処理するため、「パーティション」と「スループットユニット」という単位で分散とキャパシティを指定します。Azure Event Hubsは事前に設定された数のパーティションを持っていて、それぞれ独自のデータシーケンスで構成されます。すべてのイベントはパーティションキーを持ち、パーティションキーにハッシュ関数を適用して、イベントが1つのパーティションに格納されます。各パーティションは事前指定したリテンション期間にわたって、最長7日間データが消えることなく保持されます。

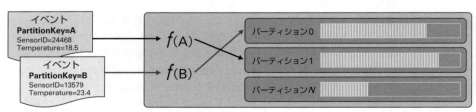

図3-42　Azure Event Hubsにおけるパーティションの概念

スループットユニットは、秒間1MBもしくは1秒あたり1,000イベントを上限値とした容量の単位で、Azure Event Hubs名前空間ごとに指定します。

図3-43 Azure Event Hubsのスループットユニット指定

パーティション数とデータリテンション期間はイベントハブごとに指定します。

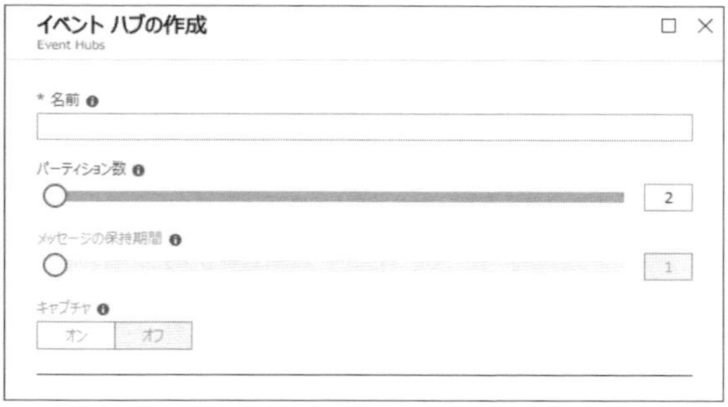

図3-44 Azure Event Hub作成時の
パーティション数とデータ
リテンション期間の指定

　Azure Event Hubsが受け取ったデータは、そのバックエンドに控えるデータ分析サービスや独自のカスタムアプリケーションが取り出して処理を行うことになります。Azure Stream Analyticsは、Azure Event Hubsと連携するフルマネージドのリアルタイムイベント処理サービスです。リアルタイムイベント処理を独自のカスタムアプリケーションで実現しようとすると、それぞれのミドルウェアが要求するプログラミング言語やフレームワークを新たに学習する必要がありますが、Azure Stream Analyticsを使うことでそういった学習をスキップし、SQLライクなクエリ言語で処理を記述することができます。また、処理量に応じてスケールさせることができるので、流量の大小を問わない点も特徴です。

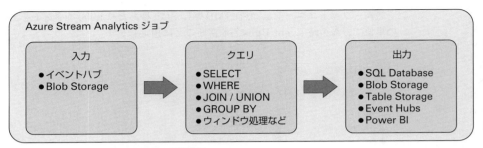

図3-45　Azure Stream Analyticsの概要

　Azure Stream Analyticsのクエリは一般的なSQLとほぼ同じで、日付、文字列、集計関数を利用することが可能です。一般的なSQLの処理と大きく違う点は、常時流れてくるストリーミングデータを特定のタイムウィンドウで区切って処理する、という点です。また、Azure Stream Analyticsは入力を複数持つことができ、それらを結合することも可能です。詳しくは以下の資料を参照してください。

参考資料

「Stream Analytics Query Language Reference」
https://msdn.microsoft.com/azure/stream-analytics/reference/stream-analytics-query-language-reference

---

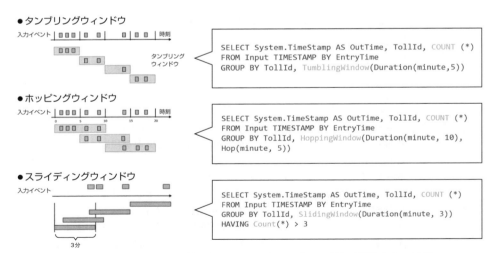

図3-46　Azure Stream Analyticsで利用される3つのタイムウィンドウの概念とクエリ例

表3-3 Azure Stream Analyticsで利用できる代表的なDMLと関数

データ操作（DML）	日付関数	スケール拡張	集計関数
SELECT	DateName	WITH	Sum
FROM	DatePart	PARTITION BY	Count
WHERE	Day	OVER	Avg
GROUP BY	Month		Min
HAVING	Year	**Temporal関数**	Max
CASE WHEN THEN ELSE	DateTimeFromParts	Lag/IsFirst	StDev
INNER/LEFT OUTER JOIN	DateDiff	CollectTop	StDevP
UNION	DateAdd		Var
CROSS/OUTER APPLY		**文字列関数**	VarP
CAST	**ウィンドウ処理**	Len	
INTO	TumblingWindow	Concat	
ORDER BY ASC, DSC	HoppingWindow	CharIndex	
	SlidingWindow	Substring	
		PatIndex	

　Azure Stream AnalyticsはAzure Event Hubsなどからのリクエストを受けるため、単位時間当たりの処理性能を定義した「ストリーミングユニット」を指定することができます。ストリーミングユニットは秒間1MB単位でスループットを割り当てます。

図3-47　ストリーミングユニットの割り当て

　Azure Event Hubsの負荷分散の概念として、パーティションがあるというのは先に述べたとおりですが、Azure Stream Analytics側ではこのパーティションを考慮した処理を記述することが可能です。クエリの処理量と、Azure Event Hubs側のパーティションを考慮して性能割り当てを行いましょう。

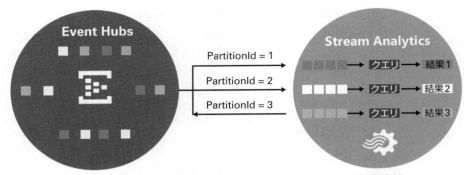

図3-48　Azure Event HubsとAzure Stream Analyticsのパーティション対応概念図

　負荷分散の設定をするためには、処理状況を監視することが欠かせません。Azure Stream Analyticsでは各種メトリックとしきい値に基づいたアラートルールを設定することができ、メールやWebhookを通じて処理状況を通知できます（図3-49）。
　Azure Stream Analytics上で処理されたデータは、複数の出力先を指定することが可能です。図3-50はAzure Blob Storageに出力する例で、指定のストレージアカウントに対し、パスのパターンやシリアライズ形式を指定して出力します。「複数の出力先を指定することが可能」と述べましたが、その出力先の設定自体も複数作成することができるので、Azure Blob Storageにファイルとして出力しつつ、データベースのテーブルへ出力するといったこともできます。

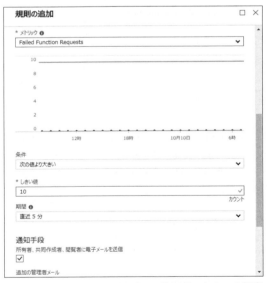

図3-49　Azure Stream Analyticsのアラートルール設定

図3-50　Azure Stream Analyticsの出力先設定例

3.4.3 他のサービスとの連携と選び方の指針

前項では単純にAzure Blob Storageへ格納する例を挙げましたが、Azure Stream Analyticsは出力先を複数設定することが可能であると述べました。よく使われる出力先として以下のものがあります。

■ 外部サービスとの連携

リアルタイムにデータの変化を追いたい場合、Power BIへ直接出力することが可能です。Power BIは無償プランであれば追加費用なしで利用できますが、組織アカウントで開設されている必要があります。組織の管理者にPower BIの割り当て状況を確認してください。

■ Azure Event Hubs

Azure Stream Analyticsの処理結果を、イベントとして別のAzure Event Hubsエンドポイントへ送信することができます。Azure Event HubsはAPIを通じてAzure Stream Analytics以外のプログラムからもデータを取得できるので、独自の処理を行いたい場合に利用します。

■ Azure SQL Database/Azure SQL Data Warehouse

データ形式が決まっていて、引き続きSQLを用いてデータ処理をしたい場合に利用します。Azure SQL Data Warehouseへ出力する場合、Azure SQL Databaseの選択肢を選ぶことでデータを送ることができます。Azure SQL Database/Azure SQL Data WarehouseとAzure Stream Analyticsを組み合わせると、データベース側のメンテナンスが必要な際もデータを送る側はそれを考慮する必要がなくなり、運用がより容易になる点は特筆すべき点といえるでしょう。

■ Azure Cosmos DB

JSONデータのような、属性がレコードによって変わる可能性のあるものを格納して活用したい場合に、出力先として指定します。

■ Azure Blob Storage

処理結果をファイルとして保存しておきたい場合に、出力先として指定します。Azure Blob Storageに格納したデータは、Azure HDInsightやAzure Databricksの分析対象にすることも可能です。

■ 出力先の選択のポイント

出力先の選び方（考え方）ですが、リアルタイム可視化のPower BI以外は「データ形式の有無」と「将来的に格納する予定のデータ量」を考慮して決めるのがよいでしょう。まとめると以下のようになります。

- データ形式が不定の場合：Azure Blob Storage
- データ形式が定形で、4TBを超えない見込みの場合：Azure SQL Database

- データ形式が定形で、4TBを超える見込みの場合：Azure SQL Data Warehouse
- データの属性がそれぞれで変わる可能性があるJSONの場合：Azure Cosmos DB

他にもAzure Service BusキューとAzure Functionsを組み合わせることで、Azure Redis Cacheをはじめとした直接連携がまだサポートされていないサービスにもサーバーを用意することなくデータを送ることができるので、選択肢にないものでも柔軟にデータを扱うことができます。

> **参考資料**
> 「Stream Analyticsとは」
> https://docs.microsoft.com/azure/stream-analytics/stream-analytics-introduction

3.5 Azure Machine Learning

本節ではAzure Machine Learningの概要、機械学習の概念、Azure Machine Learningの使用方法について説明します。

3.5.1 Azure Machine Learningとは

Azure Machine Learningは、機械学習モデルの構築、訓練、デプロイを支援するサービスです。

通常、機械学習を活用した技術、例えば、工場などで使われる不正値（異常値）検出システムや、ECサイト上で使われる推薦システムなどを構築しようとした場合、プログラミングの技術に加え、統計学や確率論、機械学習など幅広い知識が必要になり、専門に学んだ人以外が構築することは困難です。

また、知識や技術がある人の場合でも簡単にシステムを構築することができるかというとそうではなく、さまざまな企業、大学、個人が作ったツールやライブラリの導入やツールを組み合わせるか、もしくは自分自身でアルゴリズムを含むコードを書くなど、簡単に試すことができない状況です。

Azure Machine Learningには、一般提供（GA）になっている「Azure Machine Learning Studio」、2018年10月時点ではプレビューの「Azure Machine Learningサービス」という2つのサービスがあります。Azure Machine Learning StudioはGUIベースで、初心者でも使いやすいものです。Azure Machine LearningサービスはPythonベースで、Pythonを使い慣れたデータサイエンティスト向けのサービスです。

まず、Azure Machine Learning Studioについて紹介し、それから、Azure Machine Learningサービスについて紹介していきます。

Azure Machine Learning Studioは、機械学習に必要な諸処理（データの入出力、データクレンジング、各種アルゴリズムなど）をWebブラウザー上で構築できるサービスです。

もちろん、ある程度の機械学習に関する知識は必要になりますが、すでに準備されている

処理を組み合わせて作ることができるため、誰でも比較的簡単に機械学習を試してみることが可能です。

また、自分で作ったRやPythonのスクリプトも使用することができ、自分で作ったアルゴリズムやデータクレンジング処理、特徴抽出処理などを組み合わせることが可能です。ただし、この統合には制約があるので、本格的にコードベースで機械学習を実装したい場合は、Azure Machine Learningサービスを推奨します。

図3-51　Azure Machine Learning Studio

3.5.2 機械学習の概要

ここでは機械学習が使用されるようになった背景や用途を説明します。また、実際にAzure Machine Learning Studioを使ったクラスタリングの実装を行います。

■ 背景

機械学習とは、学習データ（訓練データ）をもとに学習し、未知の数値の予測やクラス分類などを可能にする技術です。

例えば、迷惑メールの判断、コンビニエンスストアや小売店におけるPOSデータをもとに

した商品の売り上げ予測、CTやレントゲンなどの医療画像からの癌の検出など、あらゆる分野での活用、研究が進んでいます。

　迷惑メールの判断を人がすべて行う場合、膨大な数のメールを目視で確認する必要があり、現実的ではありません[※3]。また、メーラーによっては件名や本文に特定のキーワードが含まれた場合は迷惑メールと判断するなどのルールベースのパターンマッチング技術を使うことができますが、ルールベースではどうしても限界があったり、パターンが複雑になり管理が難しくなったりするなどの問題があります。例えば、「宝くじ」と「当選」というキーワードが両方とも含まれていれば迷惑メールと判断するルールを作った場合、宝くじを日頃買わない人であれば問題ないように思われますが、友人や家族が宝くじを買っており、本当に当選してその連絡のメールが来ていた場合でも、迷惑メールと判断されてしまいます。

　そこで、より柔軟、かつ、使用するユーザーの嗜好や行動を考慮した迷惑メール判別が可能な、機械学習の仕組みが有効になります。

■ 用途

　Azure Machine Learning Studioでは、以下の用途に合ったアルゴリズムが初めから準備されており、自分でコードを書くことなしに機械学習を試すことが可能です。

- 異常検出（Anomaly Detection）
    - サポートベクターマシン（Support Vector Machine）
    - PCAベースの異常検出（PCA-Based Anomaly Detection）

- 回帰（Regression）
    - 線形（Linear）
    - ベイズ線形（Bayesian Linear）
    - デシジョンフォレスト（Decision Forest）
    - ブーストデシジョンフォレスト（Boosted Decision Tree）
    - 高速フォレスト分位点回帰（Fast Forest Quantile）
    - ニューラルネットワーク（Neural Network）
    - ポワソン回帰（Poisson）
    - 順序回帰（Ordinal）

- クラスタリング（Clustering）
    - K-Means（K-Means）

- 2クラス分類（Two-Class Classification）
    - ロジスティック回帰（Logistic Regression）
    - デシジョンフォレスト（Decision Forest）
    - デシジョンジャングル（Decision Jungle）
    - ブーストデシジョンツリー（Boosted Decision Tree）
    - ニューラルネットワーク（Neural Network）
    - 平均化パーセプトロン（Average Perceptron）

※3　多くのプロバイダーで、本文や件名に含まれるキーワードや送信元のメールアドレスなどをもとにフィルタリングを行っていますが、それをかいくぐってユーザーに迷惑メールが届くことがあります。

- サポートベクターマシン (Support Vector Machine)
- ローカル詳細サポートベクターマシン (Locally Deep Support Vector Machine)
- ベイズポイントマシン (Bayes' Point Machine)

■ 多クラス分類 (Multi-Class Classification)
- ロジスティック回帰 (Logistic Regression)
- デシジョンフォレスト (Decision Forest)
- デシジョンジャングル (Decision Jungle)
- ニューラルネットワーク (Neural Network)
- 一対全多クラス (One-vs-All)

それぞれの用途ごとに複数のアルゴリズムが用意されており、データの特性や求める精度や必要な計算時間などに応じて好きなものを選ぶことが可能です。どのアルゴリズムを使用したらよいか悩む場合は、Microsoftが公開している次の資料を参考にしてみてください。

参考資料

「Azure Machine Learning Studioの機械学習アルゴリズムチートシート」
https://docs.microsoft.com/azure/machine-learning/studio/algorithm-cheat-sheet

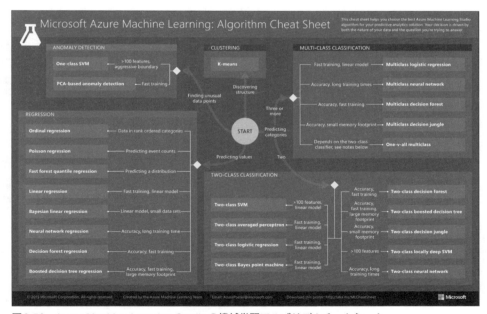

図3-52　Azure Machine Learning Studioの機械学習アルゴリズムチートシート

■ 処理の流れ

　機械学習には、大きく分けて「教師あり学習」と「教師なし学習」の2系統が存在します[※4]。
　教師あり学習は、回帰やクラス分類のように、学習用データセットとして各入力とセットで正解が与えられ、それをもとに予測モデル（出力を推測するためのルール）を作成します。作成した予測モデルを使用して、未知のデータの解析を行います。
　例えば、前述の迷惑メールで考えると、いくつかのメール（迷惑メールかそうでないかの正解ラベルを含む）を学習データとして使用し、学習を行うことにより最適な予測モデルを作成します。その予測モデルを使用することにより、未知のメールに対して、迷惑メールか否かを判断することができるようになります。
　それに対して教師なし学習とは、正解が与えられず、機械によって傾向や関連性などを導き出します。例えば、クラスタリングは教師なし学習に属します[※5]。
　教師あり学習と教師なし学習の主な処理の流れは、それぞれ下図のようになります。

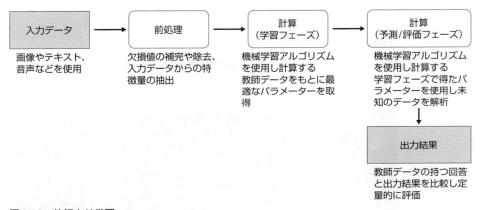

図3-53　教師あり学習

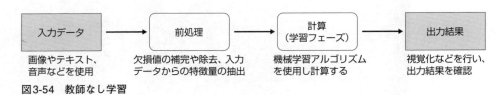

図3-54　教師なし学習

※4　その他にも強化学習などがありますが、本書では扱いません。
※5　教師あり学習と教師なし学習の違いは、用途ではなくアプローチ方法に依存します。例えば、異常値検出を行う際に、2クラス分類のためのアルゴリズムを使用して正常値、異常値といった形で検出する教師あり学習のアプローチや、回帰モデルのためのアルゴリズムを使用し、その予測結果から著しく外れている値の場合は外れ値とみなす教師なし学習のアプローチも可能です。

3.5.3　Azure Machine Learning Studioの使い方

機械学習の概要について理解したところで、実際にAzure Machine Learning Studioを使って簡単なクラスタリングを行ってみましょう。

■ **クラスタリングの実施**

Azure Machine Learning Studioを本格的に使う場合は、Azureポータルなどで、有料のAzure Machine Learning Studioワークスペースを作成し、そのワークスペース内で作業を行います。

Azure Machine Learning Studioを試用する場合は、機能は制限されているものの、Azure無料アカウントなどのAzureサブスクリプションなしでも利用できる、無料のAzure Machine Learning Studioワークスペースを使うことができます。ここでは、無料のAzure Machine Learning Studioワークスペースを使っていきます。

> **参考資料**
>
> 「Azure Machine Learningワークスペースの作成と共有」
> https://docs.microsoft.com/azure/machine-learning/studio/create-workspace

Azure Machine Learning Studioを使用するには、https://studio.azureml.net/にアクセスします。[Not an Azure ML user? Sign up here]をクリックすると、次の3つのワークスペースの選択肢が表示されます。

- ゲストワークスペース：ログイン不要。8時間利用可能
- 無料ワークスペース：Microsoftアカウントでのログインが必要。無期限。10GBのストレージを提供
- 標準ワークスペース：Azureサブスクリプションが必要。有料。サポート、SLAあり

ここでは、ゲストワークスペースを使うので、ゲストワークスペースの[Enter]をクリックします。

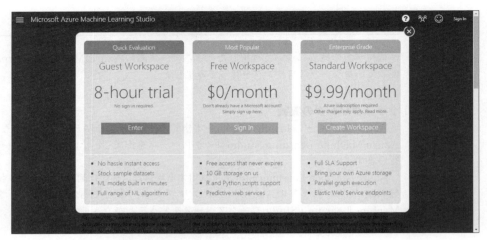

図3-55　Azure Machine Learning StudioのWebサイト

ゲストワークスペースに入ると、次の画面が開きます。

図3-56　Azure Machine Learning Studioの画面

　左下の［NEW］ボタンを選択すると、次の画面が開き、実験（Experiment）の新規作成か、チュートリアルのサンプルの読み込みを選択できます。ここでは［Blank Experiment］を選択して、実験を新規作成することにします。
　なお、実験とは、Azure Machine Learning Studioにおける一連の処理をまとめたもので、データセットや使用するアルゴリズム（モジュール）などからなるものです。

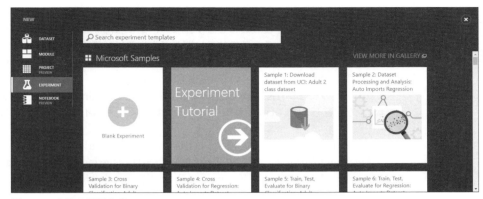

図3-57 実験の新規作成

すると、次のような画面が表示されます。左ペインにある［Saved Datasets］や［Data format Conversions］などから任意のモジュールをドラッグアンドドロップし、それを矢印で結ぶことで処理のフローを作成できます。

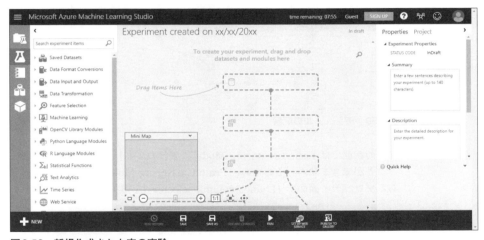

図3-58 新規作成された空の実験

ここでは、あらかじめ用意されているデータセットである「Iris Two Class Data」を使用し、クラスタリングを行います。このIris Two Class Dataは、植物のアヤメに関する100サンプル分のデータを持っています。各データは、それぞれ次の5つのパラメーターを持っています。

- Class：アヤメの種類（0と1の2値）
- sepal-length：がく片の長さ
- sepal-width：がく片の幅
- petal-length：花弁の長さ
- petal-width：花弁の幅

今回の目的は、Class以外の4つのパラメーターをもとにクラスタリングを行い、その結果が適切であるかを確認することにします。なお、本来教師なし学習であるクラスタリングは正解データがないため、その分類結果に関して定量的に評価することは困難です。今回はクラスタリングの際に使用しないIris Two Class DataのパラメーターであるClassとクラスタリング結果が近いものになっているかを確認します。

まず、下図のようにIris Two Class Data、K-means、Train Clustering Modelの3つのモジュールを配置します。それぞれのモジュールは、画面の左ペインで下記のパスに存在します。

［Saved Dataset］―［Samples］―［Iris Two Class Data］
［Machine Learning］―［Initialize Model］―［Clustering］―［K-means］
［Machine Learning］―［Train］―［Train Clustering Model］

配置の際には、必ずTrain Clustering Modelの左上にK-Means Clusteringが、右上にIris Two Class Dataが紐づくようにしてください。紐づけの操作は、各モジュールの下部にある白丸（出力ポート）を選択し、接続したいモジュールが持つ白丸（入力ポート）にドラッグします。

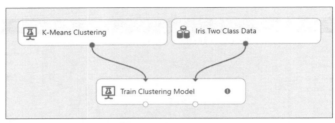

図3-59　モジュールの配置

この状態ではTrain Clustering Modelに赤色の「！」（感嘆符）が表示されており、実行することができません。そのため、Train Clustering Modelモジュールを選択し、右ペインにあるプロパティ画面で［Launch column selector］を選択します。

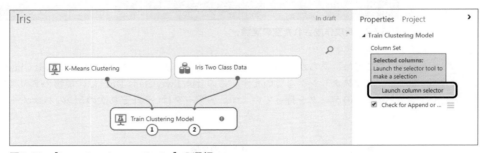

図3-60　［Launch column selector］の選択

左側の［AVAILABLE COLUMNS］でClassパラメーター以外の4つのパラメーターを選択し、右側の［SELECTED COLUMNS］に移動させます。

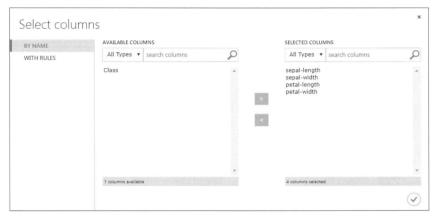

図3-61 列の選択

チェックボタンをクリックして画面を閉じると、先ほどまで表示されていた「！」が消えていることがわかります。この状態でクラスタリングを行う最低限の準備が完了しました。

では、画面下の [RUN] ボタンをクリックし、実際にクラスタリングを行ってみましょう。問題なく完了した場合、各モジュールに緑色でチェックマークが表示されます。

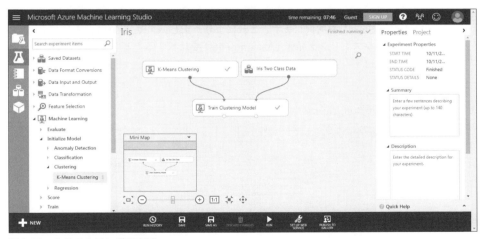

図3-62 クラスタリングの完了

このように用意されたモジュールを組み合わせることで、簡単に機械学習モデルを構築し訓練することができます。

現状のままの状態では実行結果をわかりやすく表示することができないため、以下のモジュールを [Train Clustering Model] の次の処理として配置してみましょう。

［Data Transformation］ー［Manipulation］ー［Select Columns in Dataset］

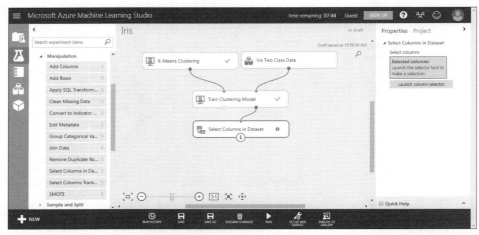

図3-63　Select Columns in Datasetの追加

　今度もこのままでは「！」が表示されて使用できないため、右ペインのプロパティ内の［Launch column selector］で出力する実行結果を選択します。

　列の選択画面で、この中にもともとのIris Two Class Dataに含まれない列があるのに気づくでしょう。これが今回のクラスタリングを実行した際に得られる結果の列になります。今回は、その中の［Assignments］（割り当て）と、もともとIris Two Class Dataに含まれている［Class］を選択します。これにより、正しいアヤメの種別（Iris Two Class DataのClass）とクラスタリング結果（Assignments）を比較することができ、クラスタリング結果の妥当性を確認することができます。

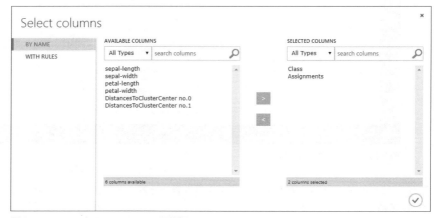

図3-64　ClassとAssignmentsの選択

　設定が完了したら、再度、画面下の［RUN］ボタンを選択して処理を実行します。実行が完了したことを確認したら、［Select Columns in Dataset］を右クリックし、［Result dataset］―［Visualize］を選択します。

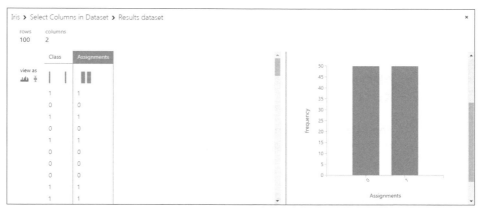

図3-65　Visualizeの実行結果

　上の画面では、ClassとAssignmentsに同じ値が割り当てられています。つまり、もともとIris Two Class Dataが持っていたClass（アヤメの種類）と同じようにクラスタリング（グループ分け）ができていることがわかります。

3.5.4　Azure Machine Learningサービス

　2017年9月のIgnite 2017カンファレンスで、Azure Machine Learningサービスが発表され、プレビューが始まりました。そして、2018年9月のIgnite 2018カンファレンスでも、Azure Machine Learningサービスに多くの新機能が追加されました。2018年10月時点では、Azure Machine Learningサービスはプレビューです。

　Azure Machine Learning Studioは、GUIベースで、初心者でも使いやすいものです。その一方で、柔軟性や拡張性に欠け、大規模データ処理のためのキャパシティが提供されず、深層学習（ディープラーニング）やGPUのサポートもありませんでした。

　新しいAzure Machine Learningサービスは、プロのデータサイエンティスト向けの、機械学習モデルの開発とデプロイに使用できるサービスです。Azure Machine Learningサービスを使用すると、クラウド上の大規模な環境で、機械学習モデルの構築、訓練、デプロイ、管理が可能です。

　Azure Machine Learningサービスはオープンソーステクノロジを完全にサポートしているため、TensorFlow、scikit-learnなどの機械学習ライブラリを使用できます。Jupyterノートブックや Visual Studio Code Tools for AIなどのツールを使用できるので、対話型でデータを探索、変換し、機械学習モデルを開発、テストできます。

　Azure Machine Learningサービスには、機械学習モデルの生成とチューニングを自動化する機能があるため、モデルを効率的に作成することができます。

　Azure Machine Learningサービスを使用すると、初めはローカルマシンで訓練を開始し、それからAzure上の大規模環境で訓練することもできます。高度なハイパーパラメーターチューニングサービスが提供されているため、優れた機械学習モデルを迅速に構築できます。

　機械学習モデルが完成したら、Dockerコンテナーとしてデプロイし、アプリケーションな

どからその機械学習モデルを利用できます。機械学習モデルを簡単に、Azure Container Instances、Azure Kubernetes Service（AKS）にデプロイできます。Azure IoT Edgeを使って、エッジ側で機械学習モデルを利用することもできます。

Azure Machine Learningサービスのページには、クイックスタート、チュートリアル、その他のドキュメントがあります。興味のある方は、ぜひAzure Machine Learningサービスを試してみてください。

「Azure Machine Learningサービス」
https://azure.microsoft.com/services/machine-learning-service/

3.6 Azure Cognitive Services

本節ではAzure Cognitive Servicesの概要と、各APIを紹介します。

3.6.1 Azure Cognitive Servicesとは

Azure Cognitive Servicesは視覚、音声、言語、知識といったインテリジェントな機能を、アプリケーションに組み込むためのAPI群です。APIの呼び出しはHTTPS上のREST呼び出しで行い、JSON形式で結果が返されます。このため、特定の言語やアプリケーション、プラットフォームに限定されず、幅広い用途での利用が可能です。

利用にあたっては、APIの呼び出し（トランザクション）ごとに課金されますが、一定数のトランザクションまでは無償で利用が可能です。APIにより無償で利用できるトランザクション数と課金体系が異なるので、最新情報は次のサイトで確認してください。

参考資料
「Cognitive Servicesの価格」
https://azure.microsoft.com/pricing/details/cognitive-services/

3.6.2 より手軽に使えるAPI群の紹介

Azure Cognitive Servicesが提供するAPIは、次のサイトに掲載されています。

参考資料
「Cognitive Services」
https://azure.microsoft.com/services/cognitive-services/

これらのAPIは、次のカテゴリに大別されています。

- Vision（視覚）
- Speech（音声）
- Language（言語）
- Knowledge（知識）
- Search（検索）

以降では、それぞれのカテゴリについて紹介します。

Vision（視覚）

顔や画像、感情認識ができるAPI群です。

Computer Vision

画像を分析してさまざまな情報を抽出できるAPI群です。

- 無償範囲：5,000トランザクション／月

表3-4　Computer Visionに含まれる主な機能[6]

機能	説明
Analyze an image （画像の分析）	画像の内容を取得できます。例えば「男性がプールで泳いでいる」といった情報取得や、アダルトコンテンツか否か、挑発的な内容でないか否かの判別も可能です。 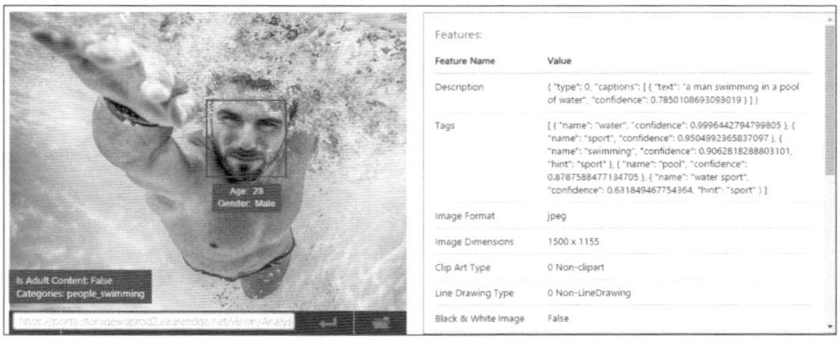
Recognize celebrities and landmarks （著名人およびランドマークの認識）	200万におよぶビジネス、政治、スポーツ、エンターテイメント業界の有名人の情報から、画像の人物が誰か判別します。また、9,000種類の自然物や人工物のランドマークを認識できます。 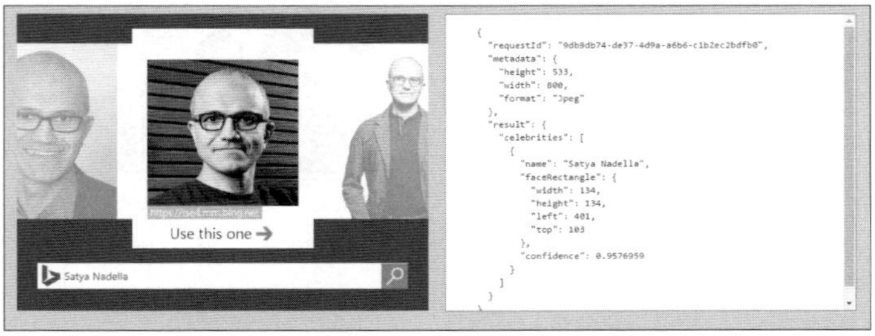

次ページへ続く

※6　表内の画像は次のサイトからの引用
「Computer Vision」
https://azure.microsoft.com/services/cognitive-services/computer-vision/

機能	説明
Read text in images （画像内のテキスト読み取り）	画像に埋め込まれているテキストを取得します。
Generate a thumbnail （サムネイルの生成）	画像のサムネイルを生成します。

■ Face

画像に含まれる顔の検出や属性分析、グループ化、顔認証が行えるAPIです。

- 無償範囲：30,000トランザクション／月

表3-5　Faceに含まれる機能[7]

機能	説明
Face Detection （顔検出）	画像の人物の顔の位置を判別し、ならびに、指定した属性（年齢、性別、笑顔、感情など）の情報を取得します。 
Face Verification （顔検証）	画像の2つの人物が同一人物か否かの信頼度（Confidence）を取得します。
Face Identification （顔識別）	事前に登録しておく人物の情報をもとに、画像の中の人物を判別します。 
Similar Face Searching （似た顔の検索）	類似の顔のコレクションを返します。 

※7　表内の画像は次のサイトからの引用
　　「Face」
　　https://azure.microsoft.com/services/cognitive-services/face/

機能	説明
Face Grouping (顔のグループ化)	顔を類似のグループに分けます。

■ Content Moderator

不適切なコンテンツ(画像、テキスト、動画)を自動検出することができるAPIを提供します。サービス使用者自身が判定を確認し修正できるレビューツールも提供されており、機械学習ベースの判定と人間によるチェックを活用し、それを再学習に活かすことで、不適切コンテンツに特化したモデルをさらにシナリオごとにカスタマイズすることが可能です。

■ Custom Vision

最先端の画像認識モデルを独自の用途向けに簡単にカスタマイズできます。学習させたい画像と、それが何を表すかを示すタグデータをアップロードし、学習ボタンを押すだけで、深層学習の知識なしに数分で認識精度の高い深層学習ベースのカスタマイズされた画像認識モデルを作成できるサービスです。

■ Video Indexer

個人や企業などで数多くのビデオコンテンツを作成していますが、文字起こし、タグ付けや翻訳などに多くの手間がかかっています。そんな課題を解決するサービスがVideo Indexerです。ビデオをアップロードすると、ビデオ内の会話をテキストに変換したり、キーワードを抽出したり、各話者の話したタイミングを認識したりすることが可能です。サービスにおける作業を簡単にするポータルが提供されています。

■| Speech(音声)

音声言語を処理するために用意されたAPI群です。

■ Speech Services

Speech to Text(音声認識)、Text to Speech(音声合成)、Speech Translation(音声翻訳)の機能を提供します。

- ■ 無償範囲:5時間/月(Speech to Text)、500万文字/月(Text to Speech)、5時間/月(Speech Translation)

表3-6　Speech Servicesに含まれる機能

機能	説明
Speech to Text（音声認識）	音声をテキストにリアルタイムに変換します。カスタムの音響モデル、言語モデル、発音モデルをサポートしています。日本語にも対応しています[8]。
Text to Speech（音声合成）	テキストから音声に変換します。カスタムの音声フォントをサポートしています。
Speech Translation（音声翻訳）	音声の自動翻訳を行います。

■ Speaker Recognition

音声から個々の話者識別を行ったり、音声によって人物認証するためのAPIです。

- 無償範囲：10,000トランザクション／月（VerificationとIdentificationで共有）

表3-7　Speaker Recognitionに含まれる機能

機能	説明
Speaker Verification（話者認証）	事前に音声を登録することで同じ人物か音声認識できます。
Speaker Identification（話者識別）	（サービスに登録されている人物情報をもとに）誰が話しているかを判別します。

■ Language（言語）

自然言語のスペルチェックやトピックを評価できる機能を提供するAPI群です。

■ Bing Spell Check

スペルチェック機能を提供します。

- 無償範囲：1,000トランザクション／月

表3-8　Bing Spell Checkが提供する機能

機能	説明
Word breaks（単語分割）	単語の区切りを修正します。
Slang（スラング）	スラングを判別し修正します。
Names（氏名）	よくある名前のつづりの間違いを修正します。
Homonyms（同音異義語）	同じ発音で意味が異なる用語を間違って使用している箇所を判別し修正します。
Brands（ブランド）	新造用語をサポートします。

---

[8] 対応言語は次の資料を参照してください。
「Speech Service APIの言語と地域のサポート」
https://docs.microsoft.com/azure/cognitive-services/speech-service/language-support

■ Language Understanding（LUIS）

　LUISは、文から意図とキーワードを抜き出すことのできるサービスです。機械学習機能により、ユーザーがあらかじめ入力した例文をもとに、意図・エンティティを抽出できます。

　例えば、チャットボットをはじめとした自然文が入力される仕組みを使って、予約アプリを開発するとします。その際に、「東京までの飛行機を予約して」という文章から、「意図：飛行機予約」、「目的地（エンティティ）：東京」というように抽出が可能なので、バックエンドのビジネスロジックと接続し、飛行機予約を完了させることができます。

　どのような意図にするか、どのようなキーワードにするかはユーザーが指定することができる柔軟なサービスなので、賢い自然文解釈エンジンを簡単に、さまざまなサービスに組み込むことができます。

■ Text Analytics

　テキスト内の感情やトピックを評価する機能を提供するAPIです。

- 無償範囲：5,000トランザクション／月

表3-9　Text Analyticsが提供する機能

機能	説明
Sentiment analysis （評判分析）	文面がネガティブかポジティブか判別します。 日本語はまだサポートされていません。
Key phrase extraction （重要なフレーズを抽出）	文面からキーワードを抽出します。 日本語がサポートされています。
Language detection （言語を検出）	テキストの言語を判別します。スコアが0から1で結果が返され、1に近ければ100％に近い確率で判別が正しいことを示します。日本語を含む120の言語をサポートしています。

　各機能の対応言語については、次の資料を参照してください。

参考資料

「Text Analytics APIの言語と地域のサポート」
https://docs.microsoft.com/azure/cognitive-services/text-analytics/language-support

---

■ Translator Text

　クラウドベースの機械翻訳サービスで、日本語を含む60以上の言語をサポートしています。Translator Textは、多言語サポートを必要とするアプリケーション、Webサイト、ツール、ソリューションに活用することができます。

■| Knowledge（知識）

　知識に関連する機能を提供するAPI群です。

■ QnA Maker

Q&Aの対応関係をサービスに登録し学習させることで、自然文による質問に対して適切な回答をマッチングさせることが可能になります。FAQを提供しているWebページやドキュメントを分析し、自動でQ&Aリストをサービス内に取り込む機能も提供されています。FAQボット等への活用が可能です。

■| Search（検索）

Bing Searchと連携し、各種検索機能を提供します。

■ Bing Autosuggest

検索候補を表示します。

- 無償範囲：1,000トランザクション／月

■ Bing Image Search

画像検索を行うことができます。

- 無償範囲：3,000トランザクション／月

■ Bing Video Search

Web上の動画を検索します。結果を作成者、エンコーディング形式、長さ、ビューカウントなどで返します。

- 無償範囲：3,000トランザクション／月

■ Bing News Search

Web上のニュース記事を検索します。検索結果にはニュース記事と関連性の高い画像、関連するニュースとカテゴリ、提供元の情報、記事のURL、追加された日付などの詳細情報が含まれます。

- 無償範囲：3,000トランザクション／月

■ Bing Web Search

Bingでインデックスづけされたドキュメントを検索します。

- 無償範囲：3,000トランザクション／月

■ Bing Visual Search

画像をもとに、類似画像などを検索します。

- 無償範囲：1,000トランザクション／月

■ Bing Custom Search

カスタマイズされた検索サービスを構築することができます。

- 無償範囲：1,000トランザクション／月

■ Bing Entity Search

検索した用語をもとに、近くにいる（ある）有名人、場所、映画、テレビ番組、ビデオゲーム、本、地元企業など、複数のエンティティタイプから最も関連性が高いエンティティを特定します。使用するアプリ、ブログ、Webサイトに価値ある情報を追加することで、ユーザーエクスペリエンスを向上させます。

- 無償範囲：1,000トランザクション／月

3.6.3 APIの使い方

Azure Cognitive Servicesの各APIの詳細については、次のページからサービスを選び確認することができます。

「Cognitive Services」
https://azure.microsoft.com/services/cognitive-services/

次に示すComputer Vision APIのドキュメントでは、「5分間のクイックスタート」という見出しの下にあるリンク先のページに、C#、Java、Node.js、Python、Goの各種言語ごとのサンプルコードとともに各種機能の説明がまとめられています。

「Computer Vision APIのドキュメント」
https://docs.microsoft.com/azure/cognitive-services/computer-vision/

Azure無料アカウントなどのAzureサブスクリプションなしに、Azure Cognitive Servicesの無料プランのAPIキーの取得が可能です。とりあえず試してみたいという方は、次のページから試してみてください。

「Cognitive Services を試す」
https://azure.microsoft.com/try/cognitive-services/

また、Azureポータルでは、Azureサブスクリプションの中でAzure Cognitive Servicesの無料プラン、有料プラン両方の作成が可能です。長期的に使用することを検討する場合は、Azureポータルから作成することをお勧めします。手順は次の資料を参照してください。

「Azure PortalでCognitive Services APIsアカウントを作成する」
https://docs.microsoft.com/azure/cognitive-services/cognitive-services-apis-create-account

3.7　Azure Database for MySQL/PostgreSQL

　Azure Database for MySQL/PostgreSQLは、2017年5月のBuild 2017カンファレンスで発表され、プレビューが開始された新サービスです。そして、2018年4月に一般提供（GA）になりました。これまでAzure上では、公式にOSSのRDBMSをマネージドサービスとして提供していませんでした（MySQLについては、Azureポータル上で「MySQLデータベース」という名前で、サードパーティであるClearDB社のマネージドサービスが提供されていました）。

　Azure Database for MySQL/PostgreSQLは、Azure SQL Databaseに次いでMicrosoftが公式に提供するDatabase as a Service（DBaaS）として公開されました。本節ではそのサービス概要を、サービス基盤の解説を交えて紹介します。

3.7.1　Azure Database for MySQL/PostgreSQLを支える基盤

　同時に発表となったこの2つのDBaaSは、MySQL/PostgreSQL双方とも同じサービス基盤の上に構築されています。個々のサービスについて触れる前に、このサービス基盤を理解することで、よりこのDBaaSの仕組みや魅力を理解することができるでしょう。

■ Azure SQL Databaseとの関係

　Azure Database for MySQL/PostgreSQLは、これまでによくあった「仮想マシンに直接MySQL/PostgreSQLをインストールし、バックアップとフェールオーバーを提供する」という形式ではなく、Azure SQL Databaseと同様のサービス基盤であるAzure Service Fabric上に構築されています。まずはこのサービス構成の概念を解説します。

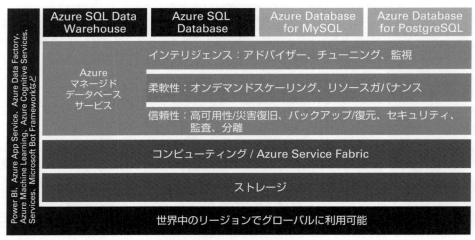

図3-66　Azure Database for MySQL/PostgreSQLの技術スタック

第3章 データベース、データ分析、AI（人工知能）、IoT（Internet of Things）　129

> **参考資料**
> 「Azure Database for PostgreSQL / MySQLとは」
> https://blogs.msdn.microsoft.com/dataplatjp/2017/07/03/azure-database-for-postgresql-mysql/
> 「Azure DB for MySQL」
> https://channel9.msdn.com/Shows/Azure-Friday/Azure-DB-for-MySQL

■ 一般的なDBaaSやIaaSでの構成

これまで、Azure上でMySQLやPostgreSQLを展開し、さらに可用性を確保しようと考えた場合、複数リージョンの仮想マシン上にソフトウェアをインストールし、何らかのデータ同期手法を用いてデータを同期して監視を行い、必要に応じて切り替えることが必要でした。旧来より提供されていたClearDB社のMySQLサービスも同様で、裏側はペアリージョンに複数のMySQLを展開する構成になっていました。

図3-67　IaaS上のサービス構成

■ Azure Database for MySQL/PostgreSQLの構成

Azure Database for MySQL/PostgreSQLは先に述べたとおり、Azure SQL Databaseと同じAzure Service Fabric上に展開されています。Azure Service Fabricは複数の仮想マシンでクラスター構成をとり、データの同期やフェールオーバーをサポートします。この基盤の上にMySQLとPostgreSQLがデプロイされています。Azure Database for MySQL/PostgreSQLではAzure SQL Databaseと同様の可用性（99.99%）が提供され、バックアップが組み込みでサポートされているのは、このためです。

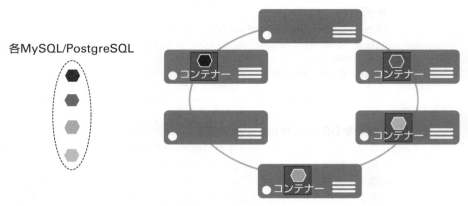

図3-68 Azure Database for MySQL/PostgreSQLの展開

Azure Database for MySQL/PostgreSQLのサービス階層

Azure Database for MySQL/PostgreSQLでは、Azure SQL Databaseの仮想コアベースの購入モデルと同様に、必要な仮想コア、メモリをベースにしたプランを選択します。

価格レベル	Basic	汎用	メモリ最適化
対象のワークロード	低負荷なコンピューティングとI/Oパフォーマンスを必要とするワークロード	負荷分散されたコンピューティングとメモリ、およびスケーラブルなI/Oスループットを必要とする大部分のビジネスワークロード	高速トランザクション処理と高い同時実行性を実現するためのインメモリパフォーマンスを必要とする、高パフォーマンスデータベースワークロード
コンピューティング世代	Gen4、Gen5	Gen4、Gen5	Gen5
仮想コア	1、2	2、4、8、16、32	2、4、8、16
仮想コアあたりのメモリ	2GB	5GB	10GB
ストレージサイズ	5GB〜1TB	5GB〜4TB	5GB〜4TB
ストレージの種類	Azure Standard Storage	Azure Premium Storage	Azure Premium Storage
バックアップのリテンション期間	7〜35日	7〜35日	7〜35日

図3-69 Azure Database for MySQL/PostgreSQLの価格レベル

Azure SQL Databaseのサービスと異なる点

Azure SQL Databaseでは、各データベースをまとめる「SQLサーバー」が作られ、その中に「SQLデータベース」単位でプランを選択して構築する形になっており、複数のデータベースをまとめるには、「エラスティックプール」という別の仕組みが提供されていました。Azure Database for MySQL/PostgreSQLではその部分が異なっており、プランが結びつく

のはサーバー側で、その中に複数のデータベースを作ることが可能です。料金の見積もりをする際のプランの範囲は次の図を参考にしてください。

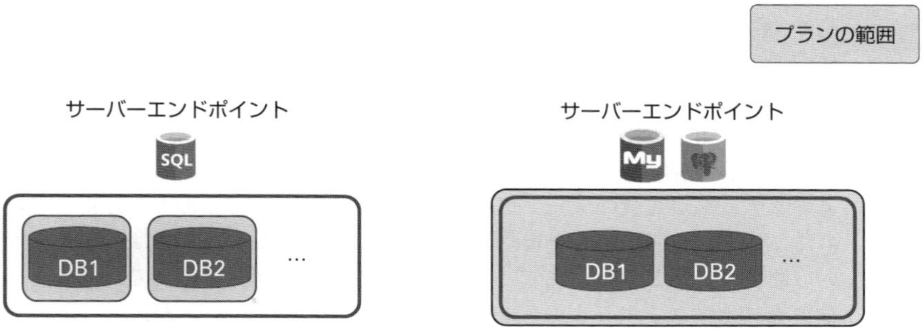

図3-70 Azure SQL DatabaseとAzure Database for MySQL/PostgreSQLで異なる点

3.8 Azure Cosmos DB

　Azure Cosmos DBは、グローバル分散型で複数のデータモデルをサポートしているNoSQLデータベースサービスです。Azureでは、以前から（NoSQLデータモデルの1つである）ドキュメント指向データベースのサービスとして、Azure DocumentDBを提供していました。そして、2017年5月に開催されたBuild 2017カンファレンスにおいて、Azure DocumentDBに、新たなNoSQLデータモデルとしてキー/バリュー、グラフデータベースのサポートを追加した新サービスとして、Azure Cosmos DBを発表しました。本節では、Azure Cosmos DBの概要を紹介します。

3.8.1 RDBMSとNoSQLデータベース

　本書をお読みの技術者の皆さんの多くは、データを永続的に格納するデータベースとして、SQL Server、MySQL、PostgreSQLといったRDBMSを使い慣れていることでしょう。Azureでは、RDBMSのデータベースサービスとして、本章で紹介しているAzure SQL Database、Azure Database for MySQL/PostgreSQLを提供しています。

　RDBMSは強い整合性を提供しており、開発者にとっては扱いやすいデータベースです。その一方で、（データベース実装によっては、複数のデータベース間でのマスター/スレーブやマルチマスターのレプリケーションなどが可能な場合もありますし、複数のデータベースにデータを分散配置する「シャーディング」と呼ばれるテクニックもありますが）本質的には、RDBMSは一連のデータを1つのデータベースに格納する集中型のアーキテクチャです。そのため、データ容量や処理性能をスケールアウトすることが難しく、1台のマシンのスケールアップ上限を超えてスケールできない、という制約があります。

　近年では、RDBMSが扱える規模を超えるデータ容量を安価に処理したいという、いわゆる

「ビッグデータ」と呼ばれるニーズが高まってきています。このニーズに対応するため、「NoSQL」と呼ばれる新世代のデータベース実装が続々と登場してきています。NoSQLは「Not Only SQL」の略であり、（クエリ言語としてSQLを使う）RDBMS以外のデータベースの選択肢を指しています。NoSQLデータベースの多くは分散型のアーキテクチャを採用しており、1つの論理データベースのデータが、データベースクラスター内の多数のサーバーに分散配置されます。データベースクラスターにサーバーを追加することで、データ容量や処理性能を容易にスケールアウトすることができます。

ここで、RDBMSに話を戻しましょう。RDBMSでは、正規化を行うことで1つのデータを1か所にだけ格納するのが基本ですが、これを行うと、（例えば、注文と注文明細といった）関連するデータが複数のデータベーステーブルに分かれてしまい、必要なデータを取得するために、テーブル間の結合を行う必要があります。また、近年では、アジャイルやDevOpsといったキーワードで語られているように、システム開発において、新機能を開発しそれを本番環境にデプロイするサイクルを短くしたい、というニーズが高まっています。データベースとしてRDBMSを使うと、データベースのスキーマ（CREATE TABLE文で指定されるテーブルの定義など）を作成する必要があります。新機能に必要となる新たなデータがある場合、既存のデータベースのスキーマの追加や変更は（不可能とは言いませんが）面倒な場合が少なくありません。

NoSQLデータベースには、キー/バリューストア、ドキュメント指向データベース、グラフデータベース、列ファミリーなど、さまざまなデータモデルがあります。各データモデルの説明については割愛しますが、すべてのデータモデルでは、RDBMSのようなスキーマを定義する必要がない「スキーマレス」になっています。また、アプリケーションで扱っているデータ構造と親和性の高いデータモデルを採用することで、アプリケーションでのデータベースアクセスが簡素化され、開発生産性を高めることができます。

3.8.2 Azure Cosmos DBのデータモデル

Azure Cosmos DBでは、ドキュメント指向データベースとしてSQL API、MongoDB APIの2つを、グラフデータベースとしてGremlin APIを、キー/バリューストアとしてTable API、列ファミリーとしてCassandra APIを提供しています。2018年9月のIgnite 2018カンファレンスでCassandra APIが一般提供（GA）になり、5つのAPIすべてが一般提供（GA）になりました。今後、さらなるデータモデルの追加も計画されています。

図3-71では、AzureポータルでAzure Cosmos DBアカウントを新規作成しています。ここでは、アカウントID、サブスクリプション、リソースグループ、場所（Azureリージョン）に加えて、5つのAPIのうちの1つを指定します。

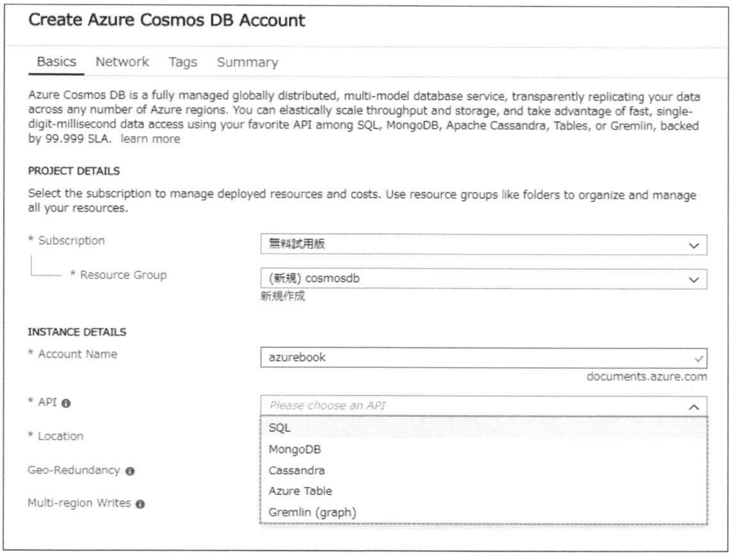

図3-71　Azure Cosmos DBアカウントの新規作成

■ SQL API

　SQL APIは、Azure Cosmos DBの前身であるAzure DocumentDBでサポートされていたAPIであり、JSON形式のドキュメントをサポートしています。データベース外部のアプリケーションから、CRUD（作成、読み取り、更新、削除）操作を行うことができます。また、SQLライクなクエリ言語をサポートしており、複数のドキュメントをクエリすることもできます。ドキュメントに対するインデックス作成は自動化されており、自分でインデックスを作成することなく、レイテンシの低いクエリを行うことができます。

　データベース側で、JavaScriptで記述されたストアドプロシージャ、トリガー、UDF（ユーザー定義関数）を実行することもできます。データベースへのアクセスはHTTP（REST）、またはTCPですが、.NET、Node.js、Java、JavaScript、Python向けのSDKを使うことで、アプリケーションから簡単にアクセス可能です。

　図3-72では、Azureポータルで、Azure Cosmos DBのデータエクスプローラーを使って、Azure Cosmos DBに格納されたJSONドキュメントを参照しています。JSONドキュメントに、必須のidプロパティ、カスタムのname、description、isCompleteプロパティ、Azure Cosmos DBが内部使用しているアンダースコア（_）で始まる一連のプロパティが含まれていることがわかります。

　詳細は、次の資料を参照してください。

> **参考資料**
> 「Azure Cosmos DBの概要：SQL API」
> https://docs.microsoft.com/azure/cosmos-db/sql-api-introduction

図3-72　SQL APIのJSONドキュメント

■ MongoDB API

　MongoDB APIは、人気の高いオープンソースのドキュメント指向データベース実装であるMongoDBと互換性のあるAPIを提供します。MongoDB向けに書かれたアプリケーションで、既存のMongoDBドライバーをそのまま使い、接続先をAzure Cosmos DBに変更するだけで、Azure Cosmos DBを使うことができます。これによって、MongoDBアプリケーションでも、高可用性、スケーリング、地理レプリケーションといったAzure Cosmos DBの利点を享受することができます。

　詳細は、次の資料を参照してください。

参考資料

「Azure Cosmos DB の概要：MongoDB API」
https://docs.microsoft.com/azure/cosmos-db/mongodb-introduction

---

■ Gremlin API

　Gremlin APIには、オープンソースのグラフデータベース向けフレームワークであるApache TinkerPopが組み込まれています。TinkerPopがサポートしているグラフトラバーサル言語Gremlinを使って、.NET、Node.js、JavaなどからAzure Cosmos DBにアクセスすることができます。

　図3-73では、Azureポータルで、Azure Cosmos DBのデータエクスプローラーを使って、Azure Cosmos DBに格納されたグラフデータを参照しています。グラフデータベースは、頂点（Vertex）と辺（Edge）で表現されます。ここでは、2つの頂点とそれらの間の1つの辺で、「BenさんがRobinさんを知っている」ことが表現されています。

　詳細は、次の資料を参照してください。

参考資料

「Azure Cosmos DBの概要：Gremlin API」
https://docs.microsoft.com/azure/cosmos-db/graph-introduction

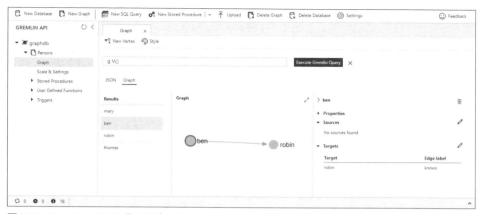

図3-73　Gremlin APIのグラフデータ

■ Table API

ストレージサービスであるAzure Storageには、キー/バリューストアのサービスであるTable Storageが含まれています。Azure Cosmos DBのTable APIは、Table Storageと互換性のあるAPIを提供します。Table Storage向けに書かれた既存アプリケーションで、接続先をAzure Cosmos DBに変更するだけで、低レイテンシ、高スループット、地理レプリケーション、（Table Storageではサポートされていない）セカンダリインデックスといった利点を享受することができます。

詳細は、次の資料を参照してください。

参考資料

「Azure Cosmos DBの概要：Table API」
https://docs.microsoft.com/azure/cosmos-db/table-introduction

3.8.3　Azure Cosmos DBのスケーリングと料金モデル

Azure SQL DatabaseではDTU（データベーストランザクションユニット）、Azure SQL Data WarehouseではDWU（データウェアハウスユニット）という相対値をもとに、データベースの処理性能を指定できました。Azure Cosmos DBでは、RU（要求ユニット）と呼ばれる値を使って、処理性能を指定します。1RUは、1KBのドキュメントをIDを指定して取得した際の処理コスト（CPU、メモリ、IOPSなど）に相当します。1KBのドキュメントの作成、更新、削除では、1以上のRUを消費します。ドキュメントサイズが大きい場合や、多数のドキュメントを取得するクエリでは、より多くのRUを消費します。

Azure Cosmos DBを使う際は、まず、AzureサブスクリプションでAzure Cosmos DBアカウントを作成します。それからAzure Cosmos DBアカウントでコンテナー(SQL APIではコレクション)を作成し、コンテナーに対してRU/秒を指定します。最低400RUで、100RU/秒単位で指定でき、後で変更することもできます。指定されたRU/秒に対して、時

間単位で課金されます。また、格納されたデータ量に対しても、課金されます。

　Azure Cosmos DBでは、オプションでパーティション分割を有効化できます。（例えば、SQL APIの場合は、JSONドキュメント内のパスの形で）パーティションキーを指定できます。Azure Cosmos DBは、同じパーティションキーを持つ項目がすべて同じパーティションに格納される形で、コンテナー内のデータをハッシュベースでパーティション分割し、多数のサーバーにスケールアウトします。パーティション分割を有効化している場合、指定可能なRU/秒や格納可能なデータ量は無制限です（パーティション分割を行わない場合は、それぞれ10,000RU/秒、10GBが上限）。驚くことに、理論上は無限にスケールアウトできるデータベースサービスなのです。

　図3-74では、Azureポータルで、Azure Cosmos DBアカウント内のコンテナーのスケールの設定を確認しています。これはパーティション分割を行っていないコンテナーなので、400〜10,000の間でRU/秒を設定可能です。

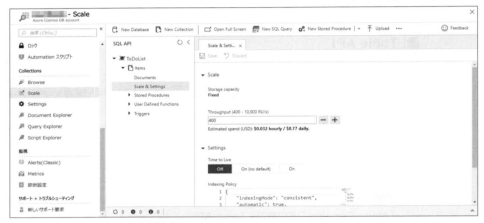

図3-74　コンテナーのスケール設定

　図3-75では、Azureポータルのクエリエクスプローラーを使って、SQL APIのコレクションに対して全件検索する単純なクエリを実行しています。このクエリの実行で、1つのJSONドキュメントが返され、2.28RUを消費したことが確認できます。

　詳細は、次の資料を参照してください。

参考資料

「Azure Cosmos DBの要求ユニット」
https://docs.microsoft.com/azure/cosmos-db/request-units

「Azure Cosmos DBでのパーティション分割とスケーリング」
https://docs.microsoft.com/azure/cosmos-db/partition-data

「Azure Cosmos DBの価格」
https://azure.microsoft.com/pricing/details/cosmos-db/

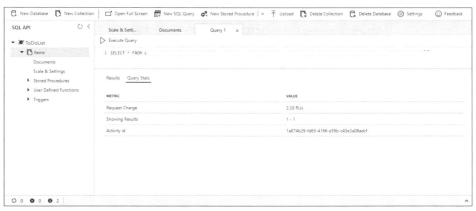

図3-75　データエクスプローラーでのクエリの実行

3.8.4 Azure Cosmos DBのグローバル分散

　Azure Cosmos DBは、既定では、1つのAzureリージョン（例えば、東日本リージョン）で動作します。このAzureリージョン内で、指定されたRU/秒、消費されているデータ量に応じてスケールアウトされています。

　オプションで、複数のAzureリージョンにわたる地理レプリケーションを構成可能です。レプリケーション先のAzureリージョン数に上限はないので、世界中の数十のAzureリージョンを指定することもできます。

　地理レプリケーションを構成した場合、1つの「書き込みリージョン」と1つ以上の「読み取りリージョン」を持つことになります。書き込みリージョンでは読み書き可能であり、読み取りリージョンでは読み取り専用になります。書き込みリージョンへの書き込みは、一連の読み取りリージョンに非同期レプリケーションされます。書き込みリージョンでの障害／災害時の自動フェールオーバーや、APIを使った手動フェールオーバーが可能です。Azure Cosmos DBに接続するアプリケーションでは、リージョンの優先順位を指定しておくことで、地理的に近いAzureリージョンに読み取りリクエストを送信し、レイテンシを最小化することが可能です。

　地理レプリケーション機能を活用することで、世界中のさまざまな場所にいるクライアントに対するパフォーマンスの最適化や、災害復旧（DR）を実現することができます。

　図3-76では、Azure Cosmos DBの地理レプリケーションを構成しています。ここでは、書き込みリージョンが東日本リージョン、読み取りリージョンが西日本、米国西部、北ヨーロッパリージョンとして構成されています。

　2018年5月のBuild 2018カンファレンスで発表され、2018年9月のIgnite 2018カンファレンスで一般提供（GA）になった機能として、「マルチマスター書き込み」があります。マルチマスター書き込みを使うと、レプリケーションが構成されているすべてのAzureリージョンで読み書き可能になります。そのため、読み取り処理だけでなく、書き込み処理についても、地理的に近いAzureリージョンで処理することで、レイテンシを最小化できるようになります。

　詳細は、次の資料を参照してください。

参考資料

「Azure Cosmos DBでのグローバルなデータの分散」
https://docs.microsoft.com/azure/cosmos-db/distribute-data-globally

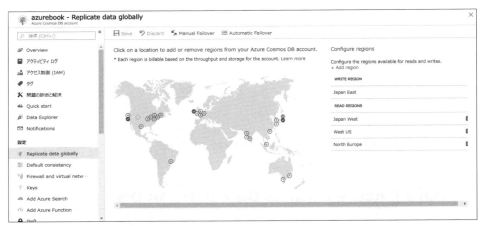

図3-76　地理レプリケーションの構成

3.8.5　Azure Cosmos DBのレイテンシとSLA

　Azureのほとんどのサービスは、稼働率/可用性のSLA（サービスレベルアグリーメント）を提供しています。例えば、Azure App Serviceは99.95%、Azure SQL Databaseは99.99%の月間稼働率をSLAで保証しています。Azure Cosmos DBも、同様に99.99%の月間稼働率のSLAを保証しています。

　Azure Cosmos DBの興味深い点は、さらに3つのSLAを提供していることです。RU/秒で指定されたスループットをすべて消費する前にエラーが返されないことを保証するスループットのSLA、後述する整合性レベルが守られていることを保証する整合性のSLA、そしてレイテンシのSLAの3つです。

　レイテンシのSLAを、もう少し詳しく見てみましょう。Azure Cosmos DBにアクセスするアプリケーションが、アクセス先のAzure Cosmos DBと同じAzureリージョンで動作しており、1KB以下の読み取り、または書き込み操作が対象となります。99パーセンタイルのレイテンシが、読み取り操作に対しては10ミリ秒以下、書き込み操作に対しては15ミリ秒以下であることが、SLAで保証されています。これらは99パーセンタイルのレイテンシなので、平均値はこれらの値よりも大幅に小さいものになります。「Microsoftは、SLAで保証できるほど、高速に応答を返すことができる自信を持っている」ということです。

　図3-77では、Azureポータルで、読み取り、書き込み操作のレイテンシのメトリックを確認し、SLAで保証されたレイテンシよりも低くなっていることを確認しています。

　詳細は、次の資料を参照してください。

参考資料
「Azure Cosmos DBのSLA」
https://azure.microsoft.com/support/legal/sla/cosmos-db/

図3-77　レイテンシのメトリック

3.8.6　Azure Cosmos DBの整合性レベル

　Azure Cosmos DBは、「Strong」（強い整合性）、「Bounded Staleness」（有界整合性制約）、「Session」（セッション）、「Consistent Prefix」（一貫性のあるプレフィックス）、「Eventual」（結果整合性）という、5つの整合性レベルを指定できる点も特徴的です。
　RDBMSでは最も厳密な「強い整合性」だけがサポートされており、NoSQLでは実装に依存しますが、最も緩い「結果整合性」がサポートされています。Azure Cosmos DBでは、5つの整合性レベルを選択可能なので、整合性とレイテンシのトレードオフを考えて、ニーズに合った整合性レベルを選択することができます。
　詳細は、次の資料を参照してください。

参考資料
「Azure Cosmos DBの調整可能なデータの一貫性レベル」
https://docs.microsoft.com/azure/cosmos-db/consistency-levels

3.8.7　Azure Cosmos DBの試用版

　Azure Cosmos DBは、Azure無料アカウントなどのAzureサブスクリプション内で、作成可能です。
　また、こういったAzureサブスクリプションの契約をすることなく、簡単にAzure Cosmos DBを試すこともできます。次の無料試用ページにアクセスすると、図3-78のようなページが

表示されます。ここで、4種類のAPIのうち1つを選択して［作成］をクリックし、Microsoftアカウントでログインすると、無料で30日間利用可能なAzure Cosmos DBアカウントを作成できます。本節で紹介したAzureポータルの機能も利用可能なので、ぜひ試してみてください。

「Azure Cosmos DBを無料で試す」
https://azure.microsoft.com/try/cosmosdb/

図3-78　Azure Cosmos DBを無料で試す

3.9 IoT関連サービス

　IoT（Internet of Things、モノのインターネット）は、エッジ側で動作するセンサーやデバイスからの情報を活用することで、さまざまな企業のデジタルトランスフォーメーションを実現し得る、注目されている分野の1つです。Microsoftは「インテリジェントクラウド、インテリジェントエッジ」戦略を掲げており、Azureを中心としたクラウド側のサービスと、エッジ側で動作するデバイスを組み合わせることが、価値を生み出すと考えています。
　Azureは、IoTアプリケーションの作成を支援する多彩なサービスを提供しています（図3-79）。

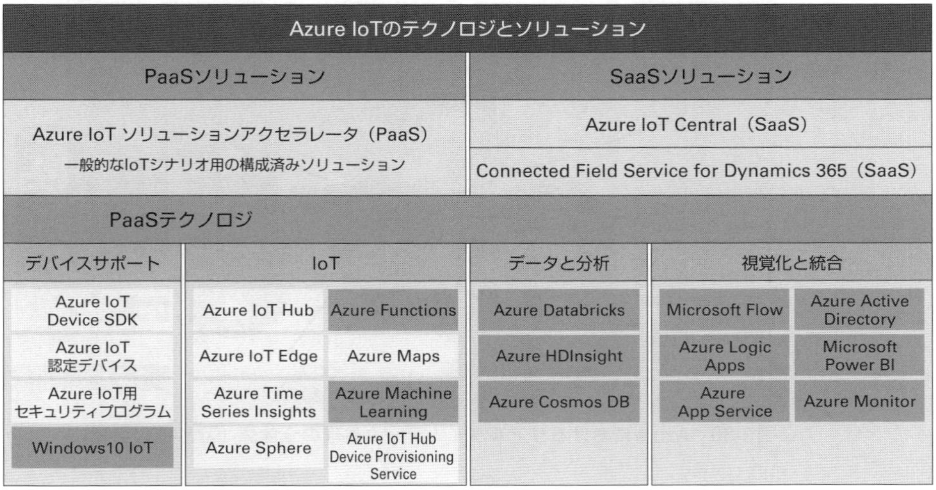

第3章 データベース、データ分析、AI（人工知能）、IoT（Internet of Things）

Azure IoTのテクノロジとソリューション			
PaaSソリューション		SaaSソリューション	
Azure IoT ソリューションアクセラレータ（PaaS） 一般的なIoTシナリオ用の構成済みソリューション		Azure IoT Central（SaaS）	
^		Connected Field Service for Dynamics 365（SaaS）	
PaaSテクノロジ			
デバイスサポート	IoT	データと分析	視覚化と統合
Azure IoT Device SDK	Azure IoT Hub / Azure Functions	Azure Databricks	Microsoft Flow / Azure Active Directory
Azure IoT 認定デバイス	Azure IoT Edge / Azure Maps	Azure HDInsight	Azure Logic Apps / Microsoft Power BI
Azure IoT用セキュリティプログラム	Azure Time Series Insights / Azure Machine Learning	Azure Cosmos DB	Azure App Service / Azure Monitor
Windows10 IoT	Azure Sphere / Azure IoT Hub Device Provisioning Service		

図3-79　AzureにおけるIoTのテクノロジとソリューション

　まず、PaaSサービスとして、Azure IoT Hub、Azure IoT EdgeなどのIoTサービス、本章以降で紹介している多数の汎用的なPaaSサービスがあります。これらのPaaSサービスを組み合わせて、自分でカスタムのIoTソリューションを構築できます。

　IoTソリューションのリファレンスアーキテクチャは、基本的には図3-79に示したものになります。具体的な実装にはバリエーションがありますが、たとえば、Azure IoT HubでIoTデバイスから取り込んだデータを、Azure Stream Analytics、Azure DatabricksのSpark Streamingなどを使ってリアルタイムでストリーム処理する、あるいは、いったんAzure Storageや各種のデータベースサービスに格納し、Azure Databricksなどを使ってバッチ処理で変換、分析を行う、といった形になります。IoTソリューションのリファレンスアーキテクチャの詳細については、次の資料を参照してください。

参考資料
「Microsoft Azure IoT Reference Architecture」
https://aka.ms/iotrefarchitecture

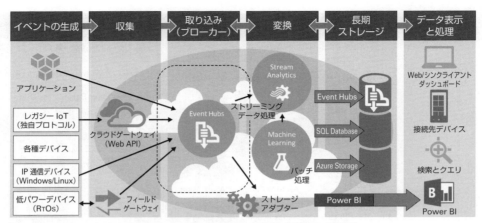

図3-80　Azureにおけるリアルタイムデータ処理の全体像（図3-40の再掲）

「Azure IoTソリューションアクセラレータ」は、これらのPaaSサービスを使用した、特定のシナリオ向けのアプリケーションです。これを基にカスタマイズすることで、カスタムIoTソリューションの開発を加速できます。

SaaSサービスとして提供される「Azure IoT Central」を使うと、複雑なIoTソリューションの開発なしに、迅速にIoTソリューションを立ち上げることができます。

> **参考資料**
> 「Azure IoTテクノロジとソリューション：PaaSとSaaS」
> https://docs.microsoft.com/azure/iot-fundamentals/iot-services-and-technologies
> 「Azure IoT CentralとAzure IoTのオプションを比較する」
> https://docs.microsoft.com/azure/iot-central/overview-iot-options

3.9.1　Azure IoT Central

Azure IoT Centralは、IoTデバイスの接続、監視、管理を簡単かつ大規模に行える、フルマネージドのSaaSソリューションです。Azure IoT Centralを使用すると、IoTソリューションの初期セットアップを容易に行うことができ、一般的なIoTプロジェクトにおける運用管理の負担を抑えることができます。

Azure IoT Centralは、内部でAzure IoT Hub、時系列データベースサービスのAzure Time Series Insightsなどの PaaSサービスを使って構築されています。ですが、Azure IoT Centralのユーザーは、内部実装を意識することなく、Azure IoT Centralを利用できます。

複雑な開発なしにIoTソリューションを構築することに興味があれば、ぜひAzure IoT Centralのクイックスタート、チュートリアルを行い、Azure IoT Centralに触れてみてください（図3-81）。

参考資料
「Azure IoT Centralのドキュメント」
https://docs.microsoft.com/azure/iot-central/

図3-81　Azure IoT Centralのチュートリアルで作成するUI

3.9.2 Azure IoTソリューションアクセラレータ

　Azure IoTソリューションアクセラレータは、リモート監視、接続済みファクトリ、予測メンテナンス、デバイスシミュレーションなどの一般的なIoTシナリオを実装した、すぐにデプロイできる完全なIoTソリューションです。Azure IoTソリューションアクセラレータには、必要なPaaSサービスと、必要なアプリケーションコードがすべて含まれています。

　Azure IoTソリューションアクセラレータのソースコードはオープンソースであり、GitHubで入手できます。ソリューションアクセラレータを、要件に合わせてカスタマイズすることが可能です。

　それでは、Azure IoTソリューションアクセラレータを試してみましょう。まず、次のWebサイトにアクセスし、Azure無料アカウントなどのAzureサブスクリプションを持つMicrosoftアカウントで、サインインします（図3-82）。

「Azure IoT Solution Accelerators」
https://www.azureiotsolutions.com/

図3-82　Azure IoTソリューションアクセラレータのWebサイト

　4つのソリューションの中で、[リモート監視]をクリックすると、「Remote Monitoring」ページに遷移します。右側の「Learn more」には、ドキュメントやソースコードへのリンクがあります。リモート監視ソリューションのWebアプリケーションを確認したいだけの場合は、「Interactive Demo」のリンクをクリックしてください。
　ここでは、実際にAzureサブスクリプションにリモート監視ソリューションをデプロイしてみましょう。「Remote Monitoring」ページで、[Try now](今すぐ試す)ボタンをクリックします(図3-83)。

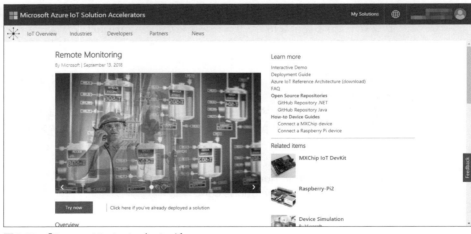

図3-83　「Remote Monitoring」ページ

　「リモート監視ソリューションの作成」ページでは、[デプロイオプション]を最低限の動作確認のための[基本]に、[言語]を[.NET]に指定します。[ソリューション名]を適宜指定し、デプロイに使う[サブスクリプション]、[リージョン]を選択して、[ソリューションの作成]ボタンをクリックします(図3-84)。

図3-84 「リモート監視ソリューションの作成」ページ

「プロビジョニングされたソリューション」ページで、デプロイの進捗状況を確認できます。プロビジョニングが完了したら、「ソリューションダッシュボード」リンクをクリックします（図3-85）。

図3-85 「プロビジョニングされたソリューション」ページ

リモート監視ソリューションのWebアプリケーションが表示されます。IoTデバイスからの情報がさまざまな形で視覚化されていることがわかります（図3-86）。

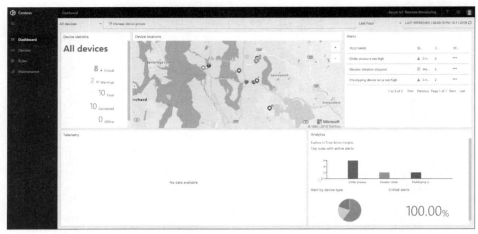

図3-86　リモート監視ソリューションのWebアプリケーション

　Azureポータルで、リモート監視ソリューションの作成時に指定したソリューション名を持つリソースグループを表示します。リモート監視ソリューションで、さまざまなPaaSサービス、IaaSのVMが使われていることがわかります（図3-87）。リモート監視のアーキテクチャについては、次の資料を参照してください。

参考資料

「リモート監視のアーキテクチャの選択」
https://docs.microsoft.com/azure/iot-accelerators/iot-accelerators-remote-monitoring-architectural-choices

名前	種類	場所
azurebookremotemonitor	App Service	東日本
azurebookremotemonitor	App Service プラン	東日本
azurebookremotemoni5f269	Azure Cosmos DB account	東日本
iqm4q-map	Azure Maps アカウント	global
dps-iqm4q	Device Provisioning Service	米国西部
eventhubnamespace-iqm4q	Event Hubs 名前空間	東日本
azurebookremotemonitor6ef7e	IoT Hub	東日本
streamingjobs-iqm4q	Stream Analytics job	東日本
azurebookremotemonitor6ef7e (tsi-iqm4q/azurebookremotemo…	Time Series Insights のイベント ソース	米国東部 2
tsi-iqm4q	Time Series Insights 環境	米国東部 2
azurebookremotemonitor	ストレージ アカウント	東日本
osdisk1	ディスク	東日本
azurebookremotemonitor-nic	ネットワーク インターフェイス	東日本

図3-87　リモート監視ソリューションのリソースグループ

　リモート監視ソリューションでさらに作業を進めたい場合は、リモート監視ソリューションのクイックスタートを参考にしてください。

> **参考資料**
> 「クイックスタート：クラウドベースのリモート監視ソリューションを試す」
> https://docs.microsoft.com/azure/iot-accelerators/quickstart-remote-monitoring-deploy

3.9.3 Azure IoT Hub

　Azure IoT Hubは、IoTアプリケーションとそれが管理するデバイスとの間の双方向通信に対する中央メッセージハブとして機能する、フルマネージドサービスです。Azure IoT Hubを使ってIoTソリューションを構築し、何百万ものIoTデバイスと、クラウドでホストされたソリューションバックエンドとの間に、信頼性が高くセキュアな通信を提供できます。

　Azure IoT Hubは、デバイスからクラウドへの通信、クラウドからデバイスへの通信をサポートしています。Azure IoT Hubは、デバイスとクラウドとの間のテレメトリ、デバイスからのファイルのアップロード、クラウドからデバイスを制御するための要求/応答メソッドなど、複数のメッセージングパターンをサポートしています。

　カスタムでIoTソリューションを構築する場合は、IoTデバイスとの通信のためにフロントエンドにAzure IoT Hubを配置し、バックエンドには要件に合わせて、データベース、ストレージ、ストリーム処理、データ分析などの機能を提供するPaaSサービスを組み合わせることをお勧めします。

　前項でデプロイしたリモート監視ソリューションの中で使われているAzure IoT Hubを見てみましょう。Azureポータルで、リモート監視ソリューションの作成時に指定したソリューション名を持つリソースグループを表示します。その中に1つだけあるAzure IoT Hubのインスタンスを表示します。10個のIoTデバイスから約2,400のメッセージが送信されていることがわかります（図3-88）。

図3-88　Azure IoT Hubの監視

　Azure IoT Hubのメニューで「IoT devices」（IoTデバイス）をクリックすると、Azure IoT Hubに登録済みのIoTデバイスを確認できます。リモート監視ソリューションでは、10個のIoTデバイス（シミュレートされたデバイス）が登録されていることがわかります（図3-89）。

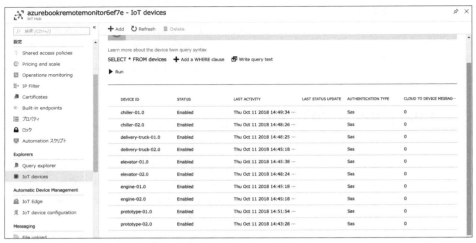

図3-89　Azure IoT Hubに登録済みのIoTデバイス

3.9.4　Azure IoT Edge

　Azure IoT Edgeは、これまでクラウド側で実行していた分析やビジネスロジックを、エッジ側のIoTデバイスで実行できるようにするものです。処理をDockerコンテナーとしてIoTデバイスにデプロイし、クラウド側のAzure IoT Hubから監視することができます。Azure IoT Edgeは、リアルタイム性を高めたい、帯域幅コストを抑えたい、巨大な生データの転送を回避したい、といったニーズに適しています。

　「IoT Edgeモジュール」は、Azureサービス、サードパーティサービス、またはカスタムコードを実行するDockerコンテナーです。IoT Edgeデバイスにデプロイされ、そのデバイス上で実行されます。「IoT Edgeランタイム」は、IoT Edgeデバイス上で動作し、デバイスにデプロイされたモジュールを管理します。

　Azure Functionsの関数、Azure Stream Analyticsのクエリ、Azure Machine Learningサービスの機械学習モデルを、Azure IoT Edgeを使ってエッジ側で実行することができます。また、Azure IoT Edgeでは、独自のカスタムコードも実行できます。Linux、Windowsの両方に対応し、Java、.NET Core、Node.js、C、Pythonがサポートされているので、既存のコードの再利用が容易です。

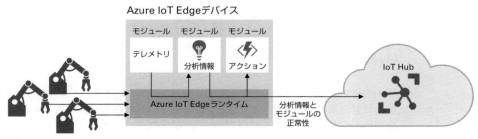

図3-90　Azure IoT Edge

第4章
開発者のためのPaaS ～ Azure App Service、Azure Functions、Azure DevOps

本章では、WebアプリケーションやWebサービスを開発、運用する際に非常に便利なAzure App Service、Azure Functions、開発チーム向けのサービスであるAzure DevOpsを紹介します。

まず、Azure App ServiceやAzure Functionの利用形態であるPaaSとは何かを紹介し、次にAzure App ServiceとAzure Functions、Azure DevOpsの利用について解説します。

4.1 Azureでのアプリケーション開発

Azure App ServiceとAzure Functionsは、WebアプリケーションやWeb APIを構築する際に迅速な開発、安全な運用を行うためのさまざまな機能を提供するサービスです。これらのサービスは、PaaS（Platform as a Service）と呼ばれる利用形態に属するものです。PaaSを利用すると利用者は何が嬉しいのかという点について正しい認識を持ってもらうために、まずはPaaSの概要、利用する際のメリット、PaaSでできないことについて説明します。

4.1.1 PaaS概要とIaaSとの比較

近年、WebアプリケーションやWeb APIなどの構築を行う際に開発、運用を効率化するようなサービス/プラットフォームが次々にリリースされています。各種サービスを利用形態で分類すると、IaaS（Infrastructure as a Service）と呼ばれるカテゴリに分類されるものと、PaaSのカテゴリに分類されるものがあります。

IaaSのサービスを使って開発する場合は、ストレージ、仮想マシン（VM）、ネットワークなどのインフラストラクチャを自分で構築し、その上で利用するミドルウェアのインストールや、機能の有効化といった作業が必要となります。

一方、PaaSに属するサービスの場合、利用者側がインフラストラクチャの構築、管理、運用を行う必要はなく、構成済みのインフラストラクチャ上にOS、ミドルウェアやランタイムがインストール済みの状態で提供される場合がほとんどです。そのため、サービス利用者側

はPaaSサービス上で動作するアプリケーションの開発とデータの管理の作業のみに集中できます。

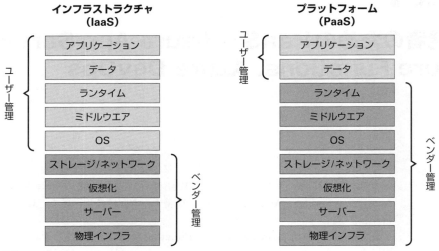

図4-1　IaaSとPaaSの違い

4.1.2　PaaSを利用するメリット

　本章の冒頭でも紹介したとおり、Azure App ServiceとAzure Functionsは、PaaSに属するサービスです。PaaSを利用するメリットは大きく分けて2つあります。

　1点目は、少量のコード/作業で目的の機能を実装できる点です。これは筆者が最も恩恵を受けていると感じるメリットです。PaaSでは「Webアプリケーションを作りたい」、「データを解析したい」など、何らかの目的を達成するために特化した環境が提供され、目的を達成するための便利な機能が用意されています。例えば、Facebookログインを実装したい場合に、開発者がOAuth 2.0認証用のコードを書いて実装することは可能ですが、Azure App Serviceでは、コードを書かずに実装できる仕組みが提供されています。また、定期的にアプリケーションやデータベースのバックアップを取りたいという要件が出てきた場合に、スクリプトを書いてバッチ処理で実現することも可能ですが、Azure App Serviceの機能で任意の時点のスナップショットを取得できます。このような「多くの開発者に共通のニーズがある機能」はサービスとして提供されるので、開発者は、本当に必要なコード記述のみに集中できます。

　2点目は、ミドルウェア以下のレイヤーの保守、運用を、サービスプロバイダー側（Azureの場合はMicrosoft）にすべて任せられるという点です。IaaSのサービスでは、構築した仮想マシンをすべて自分で管理する必要がありますが、PaaSのサービスでは、ミドルウェア以下のレイヤーは、すべてサービスプロバイダーによって管理されます。そのため、ミドルウェア以下のレイヤーの新機能の追加、メンテナンス、およびトラブルシューティングは、サービスプロバイダーが適切に実施してくれます。特に運用管理の担当者や、インフラを意識し

4.1.3　PaaSにできないこと

このように書くと、「PaaSはメリットばかりではないか」と思われるかもしれませんが、残念ながら、万能ではありません。PaaSのサービスにもできないことがあるので、開発/運用を始める前にその点を理解しましょう。

PaaSのサービスを利用する際、アプリケーションをホストするプラットフォームを意識せずに開発、運用できるように構成されている場合がほとんどです。裏を返すと、ブラックボックス化されていることになり、開発要件によってはPaaSが向いていない場合があります。

例として、ホストしているWindows Serverの修正プログラムの適用状況を細かく管理したい、Webサーバーの設定を細かくカスタマイズしたい、インスタンス内で特定の常駐アプリケーションを動かしたい、OSの機能を直接利用したいといった要望には応えることができません。そのため、要件が既定のPaaSの機能では実現できず、ミドルウェア以下のレイヤーの変更が必要な場合、IaaSのサービスを利用する方がよい場合もあります。ただし、IaaSとPaaSのどちらかが優れているというわけではないため、作成するアプリケーションの要件に合わせて使い分けましょう。

Azure Cloud Servicesの利用

Azure App Service、Azure Functions以外にも、Webアプリケーションをホストする際に利用されるPaaSとしてAzure Cloud Servicesが挙げられます。紙面の都合上、Azure Cloud Servicesについては割愛しますが、Azureが登場した当初より提供されている歴史あるサービスです。詳細は以下の資料を参照してください。

「Cloud Servicesのドキュメント」
https://docs.microsoft.com/azure/cloud-services/

4.2　Azure App Service

本節では、Azure App Serviceの概要を紹介します。特に、Azure App Serviceを知る上で、App Serviceプランの概念はしっかりと押さえておきましょう。

4.2.1　Azure App Service概要

Azure App Serviceは、Webアプリケーション開発時に活用できるPaaSのサービス群のことを指し、次の4つのサービスの集合体の総称です。

- **Web Apps**：Webアプリケーションをホストするためのサービス

- **Web App for Containers**：コンテナー化されたWebアプリケーションをホストするためのサービス
- **Mobile Apps**：モバイルアプリのバックエンドをホストするためのサービス
- **API Apps**：Web APIをホストするためのサービス

Web Appsについては本章の4.3節で詳しく解説します。

また、サーバーレスアーキテクチャのFaaS（Function as a Service）を提供するAzure Functionsは、Azure App Serviceとは別のサービスですが、Azure App Service上に構築されているため、非常に関連性の高いものです。詳細は4.5節で解説しますが、特定のイベントをトリガーとして何らかの処理をしたい場合に非常に便利です。

参考資料
「App Service」
https://azure.microsoft.com/services/app-service/

4.2.2　App Serviceプラン

Azure App Serviceを利用する前に理解しておきたい概念が、App Serviceプランです。以前は「Webホスティングプラン」と呼ばれていましたが、Azure App Serviceの登場とともに「App Serviceプラン」と呼ばれるようになりました。

App Serviceプランは、アプリをホストするための物理リソースのコレクションを表しており、複数のAzure App Serviceで共有できます。例えば、1つのApp Serviceプランに複数のWebアプリケーションを紐づけることが可能です。

App Serviceプランでは、リージョン（東日本、米国西部など）、スケールカウント（インスタンス数。1、2、3など）、インスタンスサイズ（B1、S2、P3v2など）およびSKUという定義を含んでおり、機能や性能を定義しています。例えば、アプリをホスティングするインスタンスをスケールアウトしたいときにはスケールカウントを増やし、マシンをスケールアップしたい際にはインスタンスサイズを1コアのP1v2から4コアのP3v2に簡単に切り替えることが可能です。

SKUについては複雑な概念なので、もう1歩踏み込んで解説します。App Serviceプランには「Free」「Shared」「Basic」「Standard」「Premium」「Isolated」の6種類があります。プランによって、使える機能と料金が異なります。以下の表に各プランの実行環境と課金方法をまとめました。

表4-1　App Serviceプランのサービス階層

	Free	Shared	Basic	Standard	Premium	Isolated
実行環境	共有環境	共有環境	専有環境	専有環境	専有環境	専有環境
課金方法	無料	インスタンス単位	プラン単位	プラン単位	プラン単位	プラン単位

Azure App Serviceの作成時には、必ず1つのApp Serviceプランと紐づけられます。このとき、FreeまたはSharedプランを選んだ場合には、実行環境がほかのユーザーと共有されま

す。そのため、実行時の性能が同じインスタンス内にホストされている他のユーザーのアプリケーションの影響を受ける可能性もあります。

一方で、Basicプラン以上を選んだ場合は専有の実行環境（VM）が割り当てられるので、Sharedプランのように他のユーザーが作成したアプリケーションの影響を受ける心配はありません。また、自分で作成した複数のAzure App Serviceを同じApp Serviceプランに紐づけることが可能です。この場合は同じ実行環境内に複数のアプリケーションがホストされるので、実行環境のリソースを共有することになります。

課金についても、SharedプランとBasicプラン以上で異なります。Sharedプランではインスタンスごとに課金されますが、Basicプラン以上ではApp Serviceプラン単位の課金になります。

App Serviceプランを複数のアプリケーションに紐づけ可能であることを知らない利用者が、意外と少なくありません。そのため、アプリケーションごとに1つのApp Serviceプランを割り当てて実行し、結果的に必要以上に料金を支払っているケースを見かけることがあります。そういったことにならないよう、App Serviceプランについて理解し、賢く利用しましょう。詳細は、以下の資料で確認してください。

参考資料

「Azure App Serviceプランの概要」
https://docs.microsoft.com/azure/app-service/azure-web-sites-web-hosting-plans-in-depth-overview

「App Serviceの価格」
https://azure.microsoft.com/pricing/details/app-service/

4.2.3 App Service Environment

最後に、App Service Environment（ASE、App Service環境）についても触れておきます。App Service Environmentとは、App ServiceプランのIsolatedプランでのみ利用可能な機能で、分離された専有環境を構築できる機能です。

App Serviceプランのインフラ自体の専有環境を仮想ネットワーク上に構築できるので、Azure App Service上でアプリケーションを動かせば、アプリケーションに流れる送受信両方のネットワーク通信を制御し、専用線（Azure ExpressRoute）を介してオンプレミスのリソースへセキュアかつ高速にアクセスすることができます。企業内システムとの連携を必要とする要件がある場合には、以下の資料や手順を参考にしてください。

参考資料

「App Service Environmentの概要」
https://docs.microsoft.com/azure/app-service/environment/intro

4.3 Web Apps

　　Web Appsは、Webアプリケーションをホストするためのプラットフォームです。Web AppsはPaaSなので、アプリケーションの実行とスケーリングのためのインフラストラクチャはすべてAzure側で管理されます。このためサービス利用者側は、アプリケーション開発、運用に集中できます。Web Appsには開発を効率化するための多くの機能が提供されていますが、ここでは、代表的なものをいくつか紹介します。

参考資料
「Web Appsのドキュメント」
https://docs.microsoft.com/azure/app-service/

■ Windows/Linux環境をサポート

　　Web Appsでは、WindowsおよびLinuxの環境を提供しています。

参考資料
「Web Appsの概要」
https://docs.microsoft.com/azure/app-service/app-service-web-overview
「Azure App Service on Linuxの概要」
https://docs.microsoft.com/azure/app-service/containers/app-service-linux-intro

■ 複数の言語、フレームワークをサポート

　　Windows環境では.NET、.NET Core、Node.js、Java、PHP、Pythonなどが、Linux環境では.NET Core、Node.js、Java、PHP、Python、Ruby、Goなどがサポートされています。Linux環境ではDockerコンテナを持ち込むことができるWeb App for Containersを使えるので、好みのミドルウェア等が必要な場合などに役立つでしょう。

■ 長期タスク向けのWebジョブ

　　集計やバッチ処理などの実行時間が長くかかる処理（ジョブ）を、バックグラウンドで別プロセスによって実行できる仕組みが提供されています。ユーザーは、.cmd、.bat、.exe、.ps1、.sh、.php、.py、.js、.jarなどの実行可能ファイルをアップロードして実行できます。オンデマンドで実行、連続的に実行、スケジュールに従って実行の3種類の方法があります。Webジョブの使用に追加コストはかかりません。

　　なお、Azure App ServiceのWebジョブをベースにしてAzure Functionsが構築されているので、WebジョブではなくAzure Functionsを使うことをお勧めします。

参考資料
「Azure App ServiceでWebジョブを使用してバックグラウンドタスクを実行する」
https://docs.microsoft.com/azure/app-service/web-sites-create-web-jobs

■ DevOpsの最適化

継続的インテグレーション/デリバリー（CI/CD）を、Azure DevOpsのAzure Repos、GitHub、Bitbucketから実行できます。管理には、ポータルのGUI以外に、Azure PowerShellまたはAzure CLIを使用可能です。

参考資料
「Azure App Serviceへの継続的デプロイ」
https://docs.microsoft.com/azure/app-service/app-service-continuous-deployment

■ 高可用性のためのスケールアップ/スケールアウト機能

手動または自動でスケールアップまたはスケールアウトを実行できます。自動スケールアウトについては、CPU利用率、メモリやリクエスト量の他、Azure Application Insightsと連動したスケール設定ができるため、特定のメトリックに応じてWeb Appsをスケールアウトさせることが可能です。

参考資料
「Azureでの自動スケールの使用」
https://docs.microsoft.com/azure/monitoring-and-diagnostics/monitoring-autoscale-get-started

■ Visual Studio、Visual Studio Codeの統合

Visual Studio、Visual Studio Codeを使えば、さまざまな操作がVisual Studio内から実行でき、作業を効率化できます。例として、リモートデバッグ、ログ確認、デプロイを簡単に実現できます。

■ ステージングデプロイのためのデプロイスロット

1つのWeb Appsの中で、デプロイスロットを複数持つことができます。各スロットは、実際には固有のホスト名を持つインスタンスです。一般的なシナリオとしては、1つのスロットは開発環境、もう1つは本番環境として2つのスロットを用意しておきます。スロット間のアプリケーションは、ダウンタイムなしで交換（スワップ）することが可能なので、動作確認やテストがある程度完了したら、開発環境/本番環境のスロットをスワップすることで、本番環境へのデプロイを実施できます。

参考資料
「Azure App Serviceでステージング環境を設定する」
https://docs.microsoft.com/azure/app-service-web/web-sites-staged-publishing

■ 容易なバックアップ

簡単な設定で、データベースとアプリケーションをまとめて1つのスナップショットとして保存できます。これにより、Webアプリケーションとデータベースの状態を一度に完全に

ロールバックできます。また取得頻度を設定すると、指定した頻度でバックアップが行われます。

参考資料
「Azureでのアプリのバックアップ」
https://docs.microsoft.com/azure/app-service-web/web-sites-backup

■ 認証／認可（承認）

Facebookなどのアイデンティティプロバイダーが持つユーザー情報を用いてOAuth 2.0で認証する機能を提供しています。現在サポートされているアイデンティティプロバイダーは、Azure Active Directory、Facebook、Twitter、Google、Microsoftアカウントです。Azure Active Directoryは詳細モードで設定することで、標準の組織テナント以外のディレクトリによる認証が設定できます。Azure Active Directory B2Cテナントも指定でき、コンシューマーID認証をAzure Active Directory B2Cにまとめつつ、Web Appsを活用するという応用ができます。

具体的な手順は、以下の参考資料の「ドキュメントおよびその他のリソース」のセクションを参照してください。

参考資料
「Azure App Serviceでの認証および承認」
https://docs.microsoft.com/azure/app-service/app-service-authentication-overview

4.4 Azure Logic Apps

本節では、ワークフローを実装するためのサービスであるAzure Logic Appsについて解説します。このサービスを上手に使うことで、アプリケーションをホストするためのサーバーの準備や運用にかかる手間を抑えつつ、アプリケーションの開発に専念することができます。

4.4.1 Azure Logic Appsとは

Azure Logic Appsは、サービス統合やワークフロー作成を簡略化するためのサービスです。ビジュアルデザイナーが用意されているので、プログラムを書けない人でも簡単にサービスを実装できます。

Azure Logic Appsには、「トリガー」や「コネクタ」と呼ばれるパーツが用意されています。例えば、タイマートリガーとTwitterコネクタを利用すると、「10分ごとにTwitterで"マイクロソフト"と検索した結果を取得」する処理を書くことが可能です。

第4章 開発者のためのPaaS 〜 Azure App Service、Azure Functions、Azure DevOps

図4-2 Logic Appsデザイナー

Azure Logic Appsを使用する利点は次のとおりです。

- デザイナーを使ってワークフローを簡単に実装できるため、時間を節約できる
- テンプレートをもとに簡単に設計を開始できる
- 独自のカスタムAPI、コード、アクションでAzure Logic Appsをカスタマイズできる。具体的には、次節で解説するAzure Functionsと統合することで、Azure Logic Appsでできないカスタムの処理を実現可能
- オンプレミスとクラウドにまたがる異なるシステム間で接続や同期ができる
- BizTalk Server、Azure API Management、Azure Functions、Azure Service Busをもとに作成でき、最上級の統合サポートが得られる

Azure Logic Appsを利用すると、開発者はホスティング、スケーラビリティ、可用性、管理について頭を悩ます必要がなくなります。Azure Logic Appsは、需要に合わせて自動的にスケールアップします。

4.4.2 Azure Logic Appsの機能を構成する主な要素と概念

Azure Logic Appsの機能を構成する主な要素は、以下のとおりです。ドキュメントを読む際などに、これらの概念について理解しておくとAzure Logic Appsがわかりやすくなります。

■ ワークフロー

Azure Logic Appsでは、ビジネスにおける一連の作業を、ワークフローとしてグラフィカルにモデル化して実装できます。デザイナー画面で確認できる処理の流れのことなので、実際にデザイナーを使ってみると概念がすっきり理解できるでしょう。

■ コネクタ

ワークフローの利用するデータとサービスへのアクセスについて、コネクタで定義します。データへの接続とデータの操作を支援する目的で、さまざまなベンダーがコネクタを提供しています。逐次追加されているので、最新の情報については、以下のページで確認してください。

> **参考資料**
> 「Azure Logic Appsのコネクタ」
> https://docs.microsoft.com/azure/connectors/apis-list

■ トリガー

一部のコネクタは、トリガーとしても動作します。トリガーは、電子メール受信やAzure Blob Storageへのアップロードといった特定のイベントに基づいて、ワークフローを開始します。

■ アクション

ワークフローにおけるトリガーの後の各ステップは「アクション」と呼ばれます。通常、各アクションはコネクタ、またはカスタムのAzure App Service、Azure Logic Apps、Azure Functions、Azure API Managementでの操作において行われます。

■ Enterprise Integration Pack

Azure Logic Appsには、高度な統合シナリオ向けにBizTalk Serverの機能が含まれています。BizTalk Serverは、Microsoftによる高機能な統合プラットフォームです。Enterprise Integration Packコネクタにより、Azure Logic Appsワークフローに検証や変換などを簡単に含めることができます。

4.4.3 実際にAzure Logic Appsを作ってみよう

Logic Appsデザイナーを使って、簡単に構築できることを体験するために、「Webサイトに新しいコンテンツが追加されたら、メールを送信する」アプリを作成してみましょう。具体的な手順は、以下の資料を参照してください。

> **参考資料**
> 「クイックスタート：Azure Logic Appsを使用して自動化されたワークフローを初めて作成する - Azure Portal」
> https://docs.microsoft.com/azure/logic-apps/quickstart-create-first-logic-app-workflow

図4-3　作成するLogic Appsのアプリ

さらに発展させる

　例えば、RSSフィードのトリガーとメール送信の間に、Microsoft Translatorによる翻訳のアクションを挟めば、自動的にAzureの最新情報を和訳して送ってくれるようなサービスを、コーディングなしで作成可能です。
　このように、何らかのイベントをもとに受け取ったデータを、さまざまなコネクタを使って変形し、活用する機能を簡単に作れるのがAzure Logic Appsの特徴です。以下のサイトから、好みや目的に合った部品を選んで、ぜひ創意工夫をしてみてください。

「Azure Logic Appsのコネクタ」
https://docs.microsoft.com/azure/connectors/apis-list

4.5　Azure Functions

　本節では、最近ますます利用が広がっているAzure Functionsについて紹介します。はじめに、サーバーレスアーキテクチャ、およびAzure Functionsの概要や特徴について解説します。後半では、3つの代表的なシナリオで実際にAzure Functionsでの開発を行い、サーバーレスアーキテクチャによる効率的な開発の流れを体験していきましょう。

4.5.1　サーバーレスアーキテクチャとAzure Functions

　企業がクラウドサービスを利用したシステムを使用することがもはや当然の時代になりつつある中、Webアプリケーションサーバーにおいて「サーバーレスアーキテクチャ」という概念が生まれています。
　サーバーレスアーキテクチャは、従来必要とされていたサーバーの物理的な処理能力や機能の管理をサービスプロバイダーに一任することで、開発者がそれらを考慮することなく、コ

ンピューティングリソースをサービスとして利用可能にする、クラウドを前提とした新しいアーキテクチャです。つまり、開発者は必要なコードだけを記述すればよく、「サーバーレス」という言葉が示すとおり、アプリケーション全体やコードを実行するインフラとしてのサーバーの存在をほとんど考慮する必要がなくなります。これにより、サーバーを直接管理する必要がなくなり、動作させるプログラムのみを管理するため、更新プログラムの適用やバックアップの取得など、システムの保守にかかるコストの削減も期待することができます。

また、サーバーレスアーキテクチャでは、一般的に何らかのイベントの発生を起点にしてプログラムを呼び出して動作させます。従来のサーバーを用いてプログラムを処理する際は、サーバーを常時稼働させておき、処理の起点となるイベントの発生まで待機している必要がありました。しかし、サーバーレスアーキテクチャでは、起点のイベントが発生したときだけプログラムを動作させ、消費したリソースに対してのみ料金を支払うだけで済むので、優れたコストパフォーマンスを実現可能となります。

Azureは、イベント駆動型でコードを実行可能なサーバーレスのプラットフォームとして、Azure Functionsを提供しています。Azure FunctionsはJavaScript、C#、Python、PHPなど、複数の言語を使用可能であり、記述されたコードは指定された何らかのイベントを起点として呼び出され、実行することができます。また、Azure Functionsではさまざまなサービスやイベントに対応するため、「バインド」と「トリガー」という機構が用意されています。従来必要とされていたコード実行の起点となる処理を受ける部分と、コードの処理結果を受け取る部分の開発を大幅に省くことができ、効率良く開発を実施することができます。バインドは、Azure Blob Storage上のファイルなどをAzure Functionsから操作できる機構であり、これにより他のサービスへの接続を容易に行うことができます。一方、トリガーは、Azure Functionsに記述したコードを実行するための条件であり、手動実行からタイマーによるスケジュール、Azure Blob Storage上にファイルが作成されたタイミングなどの設定を行うことができます。バインドとトリガーをうまく活用することで、例えばファイルがアップロードされた際に処理を実行し、実行後は通知を送るといった実装を容易に実現することが可能です。

このようにAzure Functionsでは、複数言語への対応や、バインドとトリガーといった機構により開発の生産性を向上させるとともに、サーバーレスアーキテクチャによるメンテナンス性、可用性の高いスケーラブルなシステム構成を実現することができます。また、さまざまなAzureサービスやサードパーティ製のサービスと統合することもできます。これらのサービスをコード実行の起点にトリガーとして利用することで実際にコードの実行を開始することはもちろん、入出力のバインドとして利用することも可能となります。

参考資料
「Functions」
https://azure.microsoft.com/services/functions/

4.5.2 Azure Functionsの特徴

Azure Functionsは、設定されたイベントを起点に実装されたコードの処理を実行する、サーバーレスアーキテクチャによる柔軟性を備えた強力なスクリプト実行環境であると言え

ます。Azure Functionsの特徴として以下の点が挙げられます。

- **さまざまな使用可能言語**
  C#、JavaScript、Python、F#、PHP、バッチ、Bash、Java、PowerShellなどの言語を使って関数を記述できます（一部の言語は実験的なサポートです）。

- **従量課金制の価格モデル**
  コードの実行に要した時間に対してのみ課金されます。詳細は4.5.4項を参照してください。

- **独自の依存関係を使用できる**
  NuGetとnpmのパッケージマネージャーをサポートしているので、好みや目的に合ったライブラリを使用することができます。

- **簡単な手順で統合できる**
  Azure Cosmos DBやAzure Event Hubsなど、さまざまなAzureのサービスやサードパーティ製のサービスと統合できます。

- **柔軟な開発**
  Azureポータル内で直接コードを作成することも、ローカルで開発したものをGitHubやAzure DevOpsのAzure Reposなどのリポジトリ経由で展開することもできます。

- **オープンソース**
  Azure Functionsランタイムはオープンソースであり、GitHub上で公開されています。

さらに、Azure Functionsの主要な概念の1つに「Function App（関数アプリ）」があります。Function Appは、利用者の作成したコードをそれぞれ実行するコンテナーとなり、Azure Functionsの中核をなす部分となります。利用者は自身の持つAzureのサブスクリプション内に複数のFunction Appを作成可能であり、Function App内に実際にコードを記述する関数を作成することでAzure Functionsの利用を開始できます。Function Appの作成方法については、4.5.5項を参照してください。

これらの特徴と、4.5.1項で述べたバインドやトリガーの機構を用いることで、さまざまな既存のAzureサービスやサードパーティ製のサービスを統合し、非常に効率の良い開発を実施することができます。

4.5.3 Azure Functionsの画面の操作と設定

次にFunction Appの画面上での操作や設定を説明していきます。AzureポータルでAzure FunctionsのFunction Appにアクセスすると、次のようなページが表示されます。

図4-4　Azureポータル上の管理画面

　Azure Functionsの大部分の設定や操作はこの画面の［プラットフォーム機能］タブから実施することができます。代表的なものは以下のとおりです。

図4-5　［プラットフォーム機能］タブ

- コードデプロイ
  GitHubなどのソースコード管理システムとの連携を設定できます。

- 認証／認可（承認）
  HTTPトリガーを用いたFunction Appに認証／認可（承認）の設定を行うことができます。

- CORS
  WebブラウザーからHTTPトリガーを用いた関数を用いる場合に必要となるCORS（クロスオリジンリソース共有）の設定を行うことができます。

■ API定義
　クライアントがより容易にHTTPトリガーを使用した関数を利用できるよう、SwaggerのAPI定義の場所を指定できます。

■ コンソール
　Azureの開発者コンソールを開くことができます。

■ アプリケーション設定
　Function Appの環境変数や接続文字列の設定などを管理することができます。

■ 高度なツール（Kudu）
　Azure App Serviceで利用されているデプロイエンジンであるKuduを開きます。

■ アプリケーション設定
　他のAzure App Serviceインスタンスと同様に、Function Appのアプリケーションに関する設定を行うことができます。

利用者は、Function Appで実際にコードを記述する関数を作成します。関数を作成し、選択することで、図4-6のような各関数の設定および編集画面が表示され、コードの編集やトリガー、バインドの設定を変更することができます。

図4-6　各関数の設定および編集画面

実際の設定は、左ペインに表示される以下の4つのメニューにより実施できます。

■ <関数名>
　関数上に記述したコードの編集、ログの確認、出力結果の確認、テスト実行をすることができます。

- **統合**
  ［トリガー］［入力］［出力］のそれぞれの項目から、トリガーおよびバインドの設定が可能です。

- **管理**
  関数の現在の状態を［有効］と［無効］から選択できます。また、関数のURLの確認、関数の削除も行えます。関数の状態が［無効］の場合は記述されたコードは実行されず、料金も発生しません。さらに、関数を呼び出す際にキーによる認証をする場合のキー管理もここで行います。

- **モニター**
  関数の成功回数、失敗回数などの実行結果や呼び出しログを確認できます。

- **プロキシ**
  指定したパスを別の関数やサービスにつなぐもので、これまでは複数の関数を束ねるためにAzure API Managementなど複数のサービスを組み合わせる必要があったものを、簡易的に管理できるようにする枠組みです。

- **スロット（プレビュー）**
  Web AppsをはじめとしたAzure App Serviceに存在しているデプロイスロットと同じものです。既存の関数をコピーして新たな環境を作り、そこに変更を加えて切り替える、いわゆるブルーグリーンデプロイを可能にする機能です。

Azure Functionsの操作は、これまで紹介した設定や画面で大部分が完結します。基本的に［統合］でトリガーやバインドを設定し、［開発］でコードを記述することで作成したコードが実行可能であり、Azure Functionsの手軽さと強力さを実感できるはずです。

4.5.4　Azure Functionsの料金プラン

Azure Functionsを利用する際のメリットとして、作成したコードを実行する際に、処理に必要なコンピューティングリソースが実行時にのみ必要な分だけ使用されることも挙げられます。Azure Functionsには、従量課金プランとApp Serviceプランの2種類の料金プランがあり、利用者のニーズに合わせて選択することがきます。それぞれの料金プランの特徴を以下に紹介します。

■ 従量課金プラン

利用者が作成したコードを実行させる際に、実行に必要なリソースがAzureから割り当てられます。リソースの管理について考慮する必要がなく、コードを実行した時間と実行回数に応じた料金のみを支払います。標準のApp Serviceプランとは異なる方法でリソースが割り当てられるため、消費モデルも異なり、従量課金モデルが採用されています。なお、無料使用分として毎月100万回の実行と400,000GB秒の実行時間が含まれます。

■ App Serviceプラン

関数をAzure App Serviceと同様に実行できます。すでに他のアプリケーションでAzure App Serviceを使用している場合、追加コストなしで同じApp Serviceプラン内でAzure Functionsの関数を実行できます。App Serviceプランに関しては4.2.2項を参照してください。

参考資料

「Functionsの価格」
https://azure.microsoft.com/pricing/details/functions/

4.5.5　関数を動かしてみよう

以下の3つのシナリオの関数を実際に作成し、Azure Functionsでのアプリケーション開発の流れを体験してみましょう。

(a) タイマートリガーにより駆動する関数
(b) Azure Queue Storageへ追加されたメッセージを処理する関数
(c) Webアクセスをトリガーに駆動する関数

■ 共通手順

まず、関数を作成する前に、関数を動かす土台となるFunction Appを作成します。Azure無料アカウントなどのAzureサブスクリプションを準備してください。

1. Azureポータルで、[リソースの作成] をクリックし、[Function App] を新規作成します。[ランタイムスタック] には [JavaScript] を指定します。

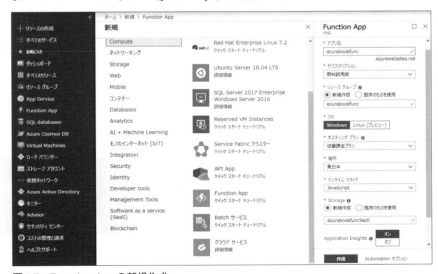

図4-7　Function Appの新規作成

2. Function Appの作成が完了したら、左側メニューの［Function App］をクリックします。作成済みのFunction App配下の［関数］の右側にある［＋］をクリックします。

クイックスタート画面で、［VS Code］、［Any editor + Core Tools］、［In-portal］という3つの選択肢が表示されます。［In-portal］を選択し、［続行］をクリックします。

Azure Functionsでは、［webhook + API］、［タイマー］などのトリガー、C#およびJavaScriptなどの言語のさまざまなテンプレートが用意されており、トリガーと使用する言語を選択するだけで簡単に関数を作成することができます。これら代表例以外のテンプレートや言語を選択したい場合は、カスタム関数を作成することもできます。ここでは、［webhook + API］を選択して、［作成］をクリックします。

図4-8　Function Appでの関数の新規作成

3. 関数の作成後、Function App配下に新規作成された関数が表示されます。

図4-9　新規作成された関数

■ (a) タイマートリガーにより駆動する関数

ここでは、タイマートリガーにより駆動し、駆動した時刻をログに出力する関数を作成し、実際に動作確認を行います。

1. 再度、Function Appで関数を新規作成します。［クイックスタートに移動します］をクリックし、［In-portal］、［タイマー］を選択します。

2. この時点で、タイマートリガーの設定や、タイマートリガーにより起動する関数のサンプルコードの生成とデプロイが自動的に行われ、ごくわずかな時間で関数が使用可能な状態になります。実行状況は、ログペインで以下のようなログが流れることが確認できます。

図4-10　ログが流れる様子

3. タイマートリガーの発生間隔は、関数の［統合］から変更できます。［統合］をクリックし、［スケジュール］にタイマートリガーの発生間隔をCRON式で指定します。注意点として、Azure FunctionsのタイマートリガーのCRON式は秒を含む6桁で指定します。以下にCRON式のフォーマットと例を記載します。既定では、例1のCRON式が指定されているので、図4-10のログは5分おきに表示されているはずです。

```
CRON式のフォーマット：{秒} {分} {時} {日} {月} {曜日}
例1：5分に1回タイマートリガーを発生させるCRON式
    0 */5 * * * *
例2：毎日2時にタイマートリガーを発生させるCRON式
    0 0 2 * * *
```

今回はタイマートリガーにより定期的なログ出力を行う関数の作成と動作確認を行いました。タイマートリガーは、応用として外部のREST APIの定期呼び出しや、サーバーのエラー監視およびアラートの送信など、多数の利用シナリオが考えられる重要なトリガーです。

■ | (b) Azure Queue Storageへ追加されたメッセージを処理する関数

ここでは、Azure Queue Storageへのメッセージの追加をトリガーに駆動し、追加されたメッセージ内容をログに出力する関数を作成します。

1. 再度、Function Appで関数を新規作成します。[Queue trigger]を選択します。[拡張機能がインストールされていません]という表示が出るので、[インストール]をクリックします。拡張機能がインストールされたら、既定の関数名、キュー名、ストレージアカウント接続のまま、[作成]をクリックします。

2. 作成した関数の[統合]をクリックすると、すでにトリガーとしてAzure Queue Storageトリガーが設定されていることが確認できます。

図4-11　設定済みのAzure Queue Storageトリガー

3. この状態で、開発画面ですぐテストをすることが可能です。開発画面の右側に[テスト]というペインがあり、キューとして送信するサンプルデータが書かれています。[実行]ボタンを押すだけで、キューが送られてきたものとして処理が行われ、ログペインに結果が表示されます。

図4-12　開発画面でのテスト

■ (c) HTTPリクエストをトリガーとして駆動する関数

最後に、HTTPリクエストのトリガーにより駆動し、アクセス時に指定されたURLパラメーターまたは本文の内容を解析し、ログに出力する関数を作成します。

1. 本項前半の手順に従っていれば、すでに関数「HttpTriggerJS1」が作成されているはずです。

2. 開発画面の右上にある［関数のURLの取得］をクリックすると、HTTPリクエストを受け付けるURLを確認することができます。例を次に示します。

```
https://<Function App名>.azurewebsites.net/api/HttpTriggerJS1?code=<APIキー>
```

図4-13　HTTPリクエストを受け付けるURL

3. このサンプルコードは、nameパラメーターに対応する値が設定されたリクエストボディを受け取り、その値を"Hello"文字列と連結してクライアントに返します。[テスト]ペインにあるサンプルリクエストの値を"Azureテクノロジ入門2019"に変更し、[実行]ボタンをクリックして送ってみましょう。

4. 送信されたリクエストの処理結果は[テスト]ペインの下側にある[出力]欄で確認できます。次の画面では、"Azureテクノロジ入門2019"という文字列が、関数側で"Hello"と連結されて出力されています。

図4-14　HTTPトリガーの動作確認

活用事例

本章で紹介したPaaSサービスは、すでに多くのシステムで活用されています。アーキテクチャやサンプルコードなど、以下の技術事例サイトで紹介されているので、実際に活用する際に参考にしてみてください。

「Technical Case Studies」
https://microsoft.github.io/techcasestudies/

日本からもさまざまな事例が掲載されています。例えば、以下の事例などが参考になるでしょう。

「NAVITIME adds chatbots to improve the travel-app experience」
https://microsoft.github.io/techcasestudies/cognitive%20services/2017/06/28/Navitime.html

「Future Standard changing image analytics with serverless platform」
https://microsoft.github.io/techcasestudies/iot/2017/02/04/futurestandard.html

4.6 Azure DevOps

本節では、開発チーム向けのサービスであるAzure DevOpsを紹介します。

4.6.1 DevOpsとは

ソフトウェア開発の世界では、DevOpsにますます注目が集まりつつあります。DevOpsとは、ソフトウェアをできる限り効率よく開発、運用できるように、Dev（開発チーム）とOps（運用チーム）との間にある文化やテクノロジの壁を取り払うことを指しています。DevOpsの目的は、ソフトウェアの構築、インテグレーション、デプロイ、運用、フィードバック、計画、構築……のサイクルをできる限り効率よく回していくことです。DevOpsで重要なプラクティスには、アジャイル開発、CI/CD（継続的インテグレーション/デリバリー）、アプリケーション監視などがあります。

4.6.2 Azure DevOps

Azure DevOpsは、2018年9月に発表されました。Azure DevOpsは、以前から提供されていたVisual Studio Team Services（VSTS）を基にしています。Azure DevOpsは、独立した次の5つのサービスで構成されています。一部のサービス（たとえば、Azure Pipelines）だけを使うこともできますし、すべてのサービスを併用することもできます。

- **Azure Pipelines**：あらゆる言語、プラットフォーム、クラウドに対応したCI/CDを使用して、ビルド、テスト、デプロイできるサービス
- **Azure Boards**：実績のあるアジャイルツールを使用して、チームの垣根を越えた作業の計画や追跡、作業に関する相談を可能にするサービス
- **Azure Artifacts**：パッケージ（Maven、npm、NuGet）を作成して、チームで共有できるサービス
- **Azure Repos**：容量無制限のプライベートGitリポジトリサービス
- **Azure Test Plans**：手動の探索的テストツール

参考資料
「Azure DevOps」
https://azure.microsoft.com/services/devops/

4.6.3 Azure DevOps Projects

Azure DevOps Projectsは、アプリケーションの開発、デプロイ、監視に必要なすべてのものを設定します。既存のコードやサンプルアプリケーションを使って、Azure Virtual

Machines、Azure App Service、Azure Kubernetes Service（AKS）、Azure SQL Database、Azure Service FabricなどのAzureサービスに、そのアプリケーションを展開する、Azure PipelinesベースのCI/CDパイプラインを簡単に構築できます。ソースコードのリポジトリとしては、Azure Repos、外部Gitリポジトリ（GitHubなど）を使うことができます。

参考資料
「Azure DevOps Projects」
https://azure.microsoft.com/features/devops-projects/

4.6.4　Azure DevOps Projectsを使ってみよう

Azure DevOps Projectsを使って、ASP.NET CoreアプリケーションをAzure App ServiceにデプロイするCI/CDパイプラインを構築していきましょう。

Azureポータルで、［リソースの作成］から［DevOps Project］を新規作成します（図4-15）。

図4-15　Azure DevOps Projectsの新規作成

ランタイムを選択します。.NET、Java、静的Webサイト、Node.js、PHP、Python、Ruby、Go、独自のコード持ち込みから選択できます。ここでは、［.NET］を選択し、［Next］をクリックします（図4-16）。

第4章 開発者のためのPaaS ～ Azure App Service、Azure Functions、Azure DevOps

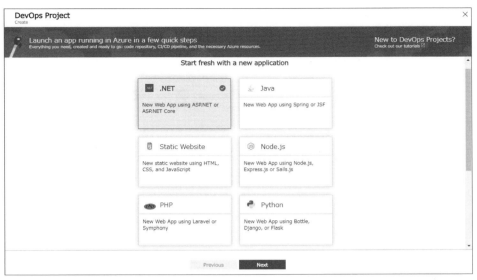

図4-16　ランタイムの選択

フレームワークを選択します。.NETランタイムでは、ASP.NET、ASP.NET Coreから選択できます。オプションで、Azure SQL Databaseを追加できます。ここでは、［ASP.NET Core］、［SQL Database］を選択し、［Next］をクリックします（図4-17）。

図4-17　フレームワークの選択

サービスを選択します。ASP.NET Coreフレームワークでは、Azure App ServiceのWeb

Apps、Azure Virtual Machinesから選択できます。ここでは、[Web App]を選択し、[Next]をクリックします（図4-18）。

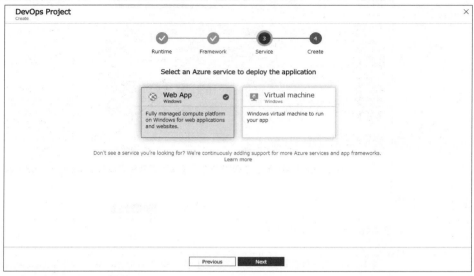

図4-18　サービスの選択

　Azure DevOpsの組織名/プロジェクト名、Azureサブスクリプション、Webアプリ名、Azureリージョンなどを指定します。[Change]をクリックすると、より詳細な設定が可能です。図4-19は、[Azure]セクションの[Change]をクリックした様子を示しています。設定が完了したら、[Done]をクリックします。

第4章 開発者のためのPaaS 〜 Azure App Service、Azure Functions、Azure DevOps

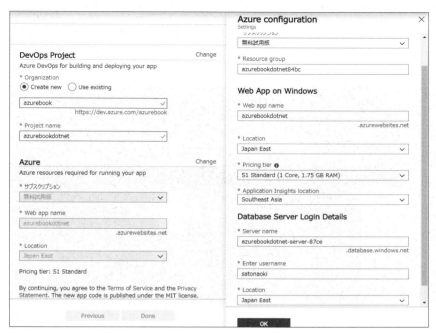

図4-19　Azureの設定

Azure DevOps Projectsの作成が完了したら、Azure DevOps Projectsダッシュボードにアクセスできます（図4-20）。

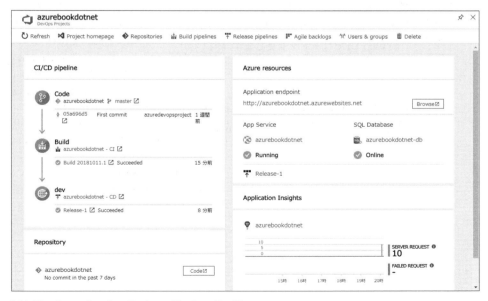

図4-20　Azure DevOps Projectsダッシュボード

ここでは、ASP.NET Coreのサンプルアプリケーションがコードリポジトリに格納されています（Azure DevOpsのAzure Repos）。ビルドを実行し、アプリケーションをAzure App ServiceにデプロイするCI/CDパイプラインが定義され、実行されています（Azure DevOpsのAzure Pipelines）。デプロイされたWebアプリケーションが監視されています（Azure Application Insights）。

右上の［Application endpoint］の下に表示されているURLは、Azure App Service上にデプロイされているWebアプリケーションのURLです。アクセスすると、サンプルのWebアプリケーションがデプロイされていることがわかります（図4-21）。

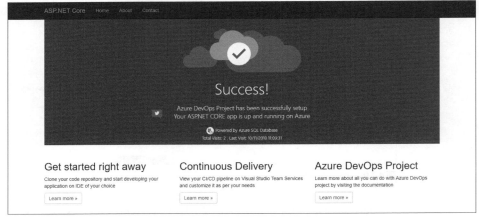

図4-21　Azure App ServiceにデプロイされたWebアプリケーション

好みのGit対応のクライアント（Visual Studio、Visual Studio Codeなど）で、Webアプリケーションのコードを変更してみましょう。ここでは、説明を簡単にするため、Azure ReposのWeb UIでコードを変更します。

Azure DevOps Projectsダッシュボードで、上部の［Repositories］、または下部の［Code］をクリックし、Azure ReposにホストされているGitリポジトリにアクセスします。

Azure ReposのGitリポジトリでは、上部のパンくずリスト、または左側メニューの［Branches］で、masterブランチが選択されていることを確認します。Gitリポジトリの Application/aspnet-core-dotnet-core/Views/Home/Index.cshtmlに進み、［Edit］をクリックします（図4-22）。

第**4**章　開発者のためのPaaS 〜 Azure App Service、Azure Functions、Azure DevOps　　177

図4-22　Azure ReposのGitリポジトリ

Index.cshtmlの内容を適宜編集し、[Commit]をクリックします（図4-23）。

図4-23　Index.cshtmlの編集

コミットに関するコメント、コミットするブランチを指定できます。既定の内容のまま、[Commit]ボタンをクリックします（図4-24）。

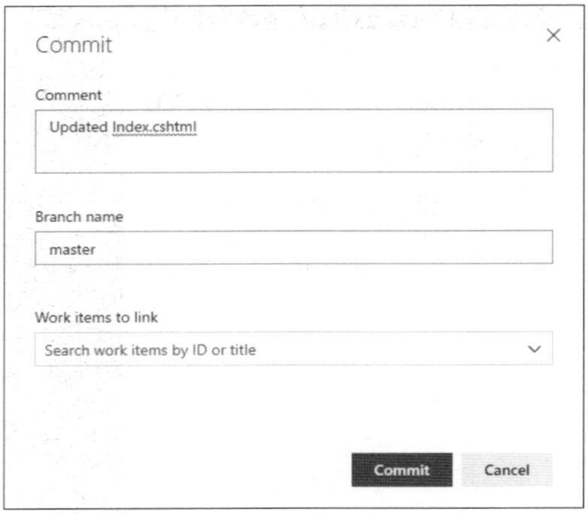

[図: Commit ダイアログ]

図4-24　変更のコミット

左側メニューの［Commits］をクリックして、コミットの履歴を確認してみます（図4-25）。

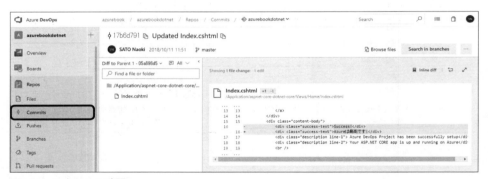

図4-25　コミットの確認

　Azure DevOps Projectsダッシュボードでは、左上の「CI/CD pipeline」セクションで、上部の［Refresh］をクリックして、進捗状況を確認してみましょう。コードのコミット、ビルド、リリースが順次実行されていくことを確認できます（図4-26）。

図4-26　CI/CDパイプラインの進捗の確認

リリースが完了したら、再度Webアプリケーションにアクセスします。Index.cshtmlへの変更に応じて、Webアプリケーションも変更されていることを確認します（図4-27）。

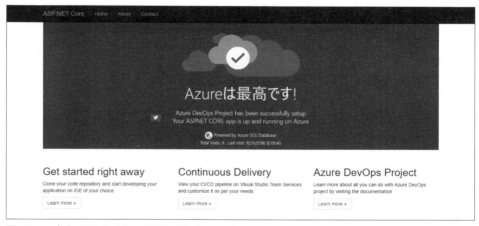

図4-27　デプロイされた新しいWebアプリケーション

　CI/CDパイプラインの定義を見てみましょう。Azure DevOps Projectsダッシュボードで、上部の［Build pipelines］をクリックします。Azure PipelinesのビルドCI）パイプラインのページに遷移します。上部の［Edit］をクリックし、ビルドパイプラインの内容を確認します。.NET Coreのリストア、ビルド、テストなどが実行され、必要なファイルがコピーされ、成果物のZIPファイルを発行していることがわかります（図4-28）。

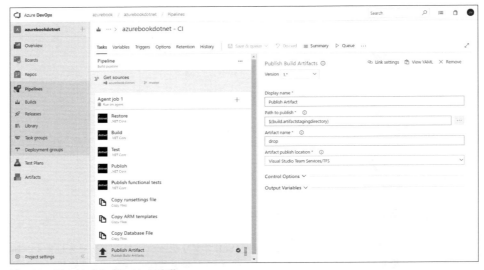

図4-28 ビルドパイプラインの定義

　ビルドパイプラインのページに戻り、ビルド履歴を確認します。ビルドパイプラインが問題なく実行されたことがわかります（図4-29）。

図4-29 ビルドパイプラインの実行履歴

　Azure DevOps Projectsダッシュボードで、上部の[Release pipelines]をクリックします。Azure Pipelinesのリリース（CD）パイプラインのページに遷移します。上部の[Edit pipeline]をクリックし、リリースパイプラインの内容を確認します。ARMテンプレートによるAzureリソースの作成、Azure App ServiceへのWebアプリケーションのデプロイ、Azure SQL

DatabaseでのSQLの実行、Seleniumを使ったWebアプリケーションの機能テストが行われていることがわかります（図4-30）。

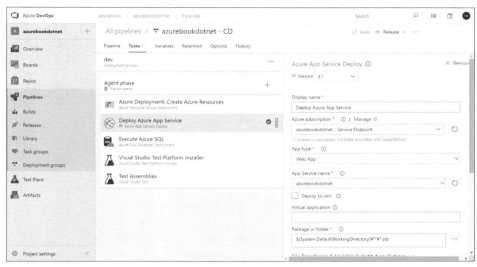

図4-30　リリースパイプラインの定義

リリースパイプラインのページに戻り、リリース履歴を確認します。リリースパイプラインが問題なく実行されたことがわかります（図4-31）。

図4-31　リリースパイプラインの実行履歴

Azure DevOps Projectsダッシュボードで、右下の「Application Insights」セクション内

のリンクをクリックします。Azure App ServiceにデプロイされたWebアプリケーションを監視しているAzure Application Insightsのページに遷移します。Webアプリケーションが問題なく監視されていることがわかります（図4-32）。

図4-32　リリースパイプラインの実行履歴

このように、Azure DevOps Projectsは、Azure上にデプロイされるWebアプリケーションのためのDevOpsサイクルを、簡単に構成できます。

第5章 アイデンティティ管理と認証・認可

本章では、Azure Active Directoryの概念と、実際に使う上で必要になるベースの技術を学習します。

5.1 Azure Active Directory - クラウド時代のアイデンティティ（ID）管理基盤

Azure Active Directory（以降Azure AD）は、Azure上の企業向けアイデンティティ基盤のひとつで、後述するようにクラウド時代における利用環境を想定しています。

Azure ADは、例えば、Azure Resource Manager（ARM）のREST APIにおけるAPI認可など、サービスや製品の基礎の技術として広く至る所で採用されており、避けて通れない技術となっています。一見、Azureの他のサービスから独立した性質の異なるサービスのように見えるかもしれませんが、Azureの他のサービスと組み合わせることでさまざまな付加価値を提供します。例えば、オンプレミス環境（企業内設置環境）とクラウドを連携する場合、Azure Virtual NetworkによるVPN接続やAzure ExpressRouteによる専用線接続などネットワーク的に解決する方法にのみ頼りがちですが、後述するように、Azure ADを（企業内の）Active Directoryと連携して使用することで、企業内のアイデンティティ基盤で認証を行ってクラウド上のリソースにアクセスするといったハイブリッド構成も可能です。

5.1.1 クラウドにおける企業向けアイデンティティ管理基盤の必要性

多くの方がご存じのとおり、これまで企業におけるアイデンティティ基盤としてWindows Server Active Directory（いわゆるドメインコントローラー）が広く使用されてきました。Active Directoryは、その信頼性のベースとして、オンプレミス環境に最適化されたKerberosと呼ばれる認証プロトコルを利用しています。

しかし、企業のプラットフォーム環境は、すでにオンプレミスとクラウドの共存（ハイブリッドクラウド）や、フルクラウド型の環境など、クラウドの大きな影響を受けつつあり、先

述のオンプレミスに最適化された現在の構成でこうしたすべてのシナリオに対応することは困難となっています。

例えば、Exchange Serverなどのメール環境をOffice 365に移行し、資産移行の困難なSharePointサーバーをオンプレミスに据え置いているケースや、あるいはその逆のケースもあります。スタートアップ企業などではGmailなどのクラウド型のコミュニケーション基盤をそのまま企業内のコミュニケーション基盤の一部として利用したり、G Suite、Salesforceなどのビジネス向けのサードパーティサービスとオンプレミス基盤の併用は普通になっています。こうした環境下においても、個別のID管理ではなく、従来のオンプレミスの際と同様の統一的な基盤が必要とされます。

クラウド上のID連携においては、いくら完全性や信頼性が高いインフラであっても、難解で、一般のアプリケーションから扱いづらいプロトコルでは広範な利用の妨げとなります。また、インターネット上で広く普及したプロトコルがベースとなっていない場合、各企業のプロキシやファイアウォール設定などの環境にも大きく依存することでしょう。一般利用者向けのクラウドアプリケーションではよくFacebookやTwitterのアカウントを使ってログインできるようになっていますが、こうしたプロトコルでは、後述するようなインターネット上の記述をベースとしたよりオープンなプロトコルが採用されています。

5.1.2 　Azure Active Directoryとその特徴

Azure Active Directory（Azure AD）は、こうした背景に基づき設計された**クラウドをベースとしたアイデンティティ基盤**です。

前述のとおり、Azure ADは**インターネット標準に基づく業界標準のプロトコル**をベースとしています（Kerberosではありません）。実際の利用方法はこの後に解説しますが、Azure ADは、OpenID Connect（OAuth 2.0を含む）、SAML 2.0、WS-Federationの各標準プロトコルを使用できます[※1]。

Azure ADは、これまでのオンプレミスのActive Directoryと異なりインストールは不要で、契約によりすぐに利用できるマルチテナント型のクラウドアイデンティティ基盤です。ユーザー、グループ、アプリケーションのアイデンティティ連携や、高度なセキュリティ設定が可能です。

またAzure ADは、クラウド上の企業向け**統一アイデンティティ基盤**として設計されています。Office 365、Dynamics 365、IntuneなどのMicrosoftが提供するSaaS（Software as a Service）はAzure ADを共通で使用しており、後述するようにG Suite、Salesforceなどの2000種類を超すサードパーティ製サービスも接続可能です。

ここで重要な点は、Azure ADは、皆さんの企業個別（独自）のカスタムアプリケーションのみを対象として利用することもでき、あらかじめベンダーが提供するサービス（Office 365など）への依存性がない点です。Office 365などの契約なしに、Azure ADのみを使用して、皆さんの企業アプリケーションとのアイデンティティ連携を実現できます。つまり、これまでのオンプレミスのActive Directoryと同じように、特定のサードパーティのアプリケーションなどに依存することなく、皆さんの企業内（組織内）のユーザーやグループを管理して

[※1] Azure ADには、KerberosをベースとしたActive Directoryそのものをクラウド上にホストする「Azure Active Directory Domain Services」と呼ばれるサービスも提供しています。これについては後述します。

企業アプリケーションと連携する基盤として利用できます。この点は、他社の同様のアイデンティティ基盤と大きく異なる点です。

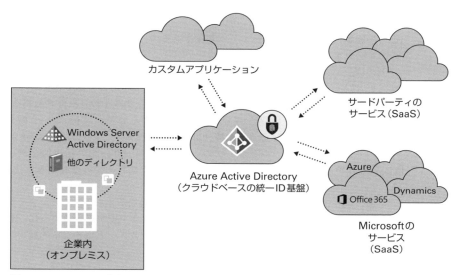

図5-1　Azure ADの全体像

Azure ADは、前述のとおりOffice 365などのベースのアイデンティティ基盤として使用されており、1日10億以上の認証（トランザクション）を処理する信頼性の高いプラットフォームです。こうした高い信頼性をベースとして、現在では、企業向けのみならず、一般消費者向けの新しい拡張機能も提供されはじめています（これについては「5.5　Azure Active Directory B2C」で解説します）。

5.1.3　Azure Active Directoryの各プラン

Azure ADには、選択可能なプランとして、Free、Basic、Premium（P1とP2）、そしてOffice 365に付属しているものがあり、Free以外のプランはすべて有料です（Office 365に付属しているものは、Office 365の料金に含まれています）。

それぞれのプランの料金や機能差の詳細はAzureのドキュメント[2]に記載されていますが、本書で紹介する基本機能の多くは無料のプランで利用可能です。

有料のプランには、主に、現実の運用で必要になる追加の機能（細かなセキュリティレポート、細かなアクセス管理、ロゴ表示などのブランディングなど）が段階的に提供されています。

---

[2]「Azure Active Directoryの価格」
https://azure.microsoft.com/pricing/details/active-directory/

5.1.4　Azure Active DirectoryとMicrosoftアカウントの関係

　Microsoftでは、アイデンティティ基盤として、Azure AD以外にMicrosoftアカウント（MSA）と呼ばれるクラウド上の別のアイデンティティも提供しています。前者が企業や学校などの組織向けのアイデンティティ基盤であるのに対し、後者は一般消費者向けの個人利用のアイデンティティであり、用途や機能が明確に分離されています。

　例えば、Azure ADには必ず管理者が必要です（管理者を作成せずに利用することはできません）。逆に、Microsoftアカウントでは管理者を作成することはできません（すべての利用者が平等な個人の利用者です）。Azure ADは組織（企業や学校）単位での契約を前提としていて、各組織を分離する（お互いを見えないようにする）「テナント」という概念がありますが、Microsoftアカウントにはそうした概念は存在しません。このため、Azure ADではコマンドやAPIを使ったユーザーやグループの一括管理（ユーザーの一括追加など）が可能ですが、Microsoftアカウントでこうしたユーザーのバルク発行のような仕組みは提供されていません。

　なお、現在は、このように名称などもまったく異なる2つのアイデンティティ基盤ですが、「5.3.5　Azure Active Directory v2.0エンドポイント」で解説するように、今後は段階的に、Azure ADとMicrosoftアカウントで名称やアクセスエンドポイントの統一（二重化の排除）が行われていく予定です。

5.2　Azure Active Directoryの管理

　Azure ADに対するユーザー/グループの追加、変更、削除、アクセス権やパスワードリセットポリシーの設定など、いわゆる管理を行うには、用途に合わせ下記の3つの方法が提供されています。

5.2.1　Azureポータルによる管理（GUIによる管理）

　Azure ADの管理をGUIで行うには、Azureポータル（https://portal.azure.com/）を使用します。

第**5**章　アイデンティティ管理と認証・認可　　187

図5-2　AzureポータルによるAzureADの管理

　Azure ADを使い始める際には、まずAzure ADを利用する組織を現す**ディレクトリ**（または**テナント**）の作成を行います[※3]。Azureのサブスクリプションを契約した際には、すでにそのサブスクリプションを管理する既定のディレクトリ（組織）が内部で作成済みのため、Azureポータルにログインした場合、必ず1つの既定のディレクトリが作成済みになっています。

ディレクトリの切り替え
　単一のAzureサブスクリプションから複数のAzure ADディレクトリを作成した場合、右上のメニュー（右図）から管理するディレクトリを変更できます。

図5-3　ディレクトリの切り替え

※3　Azureポータルにログインし、［リソースの作成］─［Azure Active Directory］の順にクリックして新規作成できます。

Azureポータルで作成済みのディレクトリを選択し、[ユーザーとグループ]メニューを選択することでユーザーの追加、変更、削除が可能です。

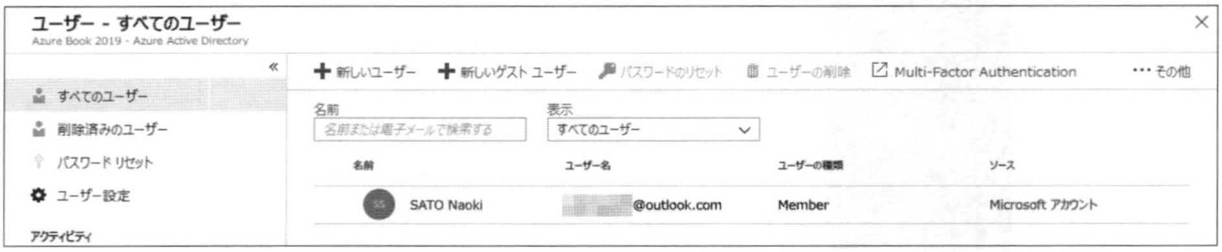

図5-4　Azure ADのユーザー管理画面

上図で、既定ではユーザーとしてMicrosoftアカウント（hotmail.com、outlook.com など）のみが登録されている点に注意してください[※4]。このユーザーは、実はこのディレクトリ内のユーザーではなく、正確には、このディレクトリ内で管理者権限を付与されたMicrosoftアカウントのユーザー（すなわち、このディレクトリの管理権限を持つ外部のユーザー）です。つまり、このディレクトリには、まだディレクトリ内のユーザーは1人も作成されていません。

後述するコマンドやAPIの実行、フェデレーションなどを行うには、**ディレクトリ内の全体管理者が必要**なので、使い始める前に必ず、全体管理者のユーザー（*.onmicrosoft.comのドメインを持つユーザー）を1つ以上新規作成してください。

メニューを選択することで、ディレクトリにおけるユーザー管理以外の細かな設定が可能です（このディレクトリの表示名自体もできます）。ただし、前述のとおり、プランによって使用できる機能が異なる点に注意してください。

5.2.2　PowerShellによる管理（スクリプトによる管理）

PowerShellを使うことで、Azure ADの管理をスクリプトで自動化できます。ただし、Azureの管理で使用するAzure PowerShellのモジュールではなく、専用のAzure AD管理用のモジュールをインストールして使用します。ここでは、本書の執筆時点で最新バージョンであるAzure Active Directory PowerShellモジュールバージョン2を使用します。

PowerShellを管理者権限で実行し、下記のコマンドを入力してダウンロードとインストールを行います。

リスト5-1　PowerShellによるAzure ADモジュールのインストール

```
# Azure Active Directory PowerShellモジュールのインストール
Install-Module AzureAD
```

このモジュールを使用する際には、必ずAzure ADのディレクトリに管理者としてログインします。この際のログインIDは、前節で事前に作成した全体管理者を使用します。

[※4] ただし、Office 365の契約をしているサブスクリプションなど、組織アカウントでAzureを契約している場合は除きます。

下記に示すのは、ディレクトリにログインしてユーザー一覧を取得するサンプルです。

リスト5-2　**PowerShell**によるユーザー一覧の取得

```
# 下記でログイン画面が表示され、Credential を変数に保存
$cr = Get-Credential
# Azure AD のディレクトリへ接続
Connect-AzureAD -Credential $cr
# ディレクトリのユーザー一覧を取得
Get-AzureADUser
```

5.2.3　Azure AD Graphによる管理（APIによる管理）

　管理アプリケーションを構築するためにAPIも使用できます。Azure ADの管理はAzure AD Graphと呼ばれるREST APIを使用することで、PowerShellと同等の細かな処理が可能です[※5]。また、このREST APIをラッピングした.NETのSDKであるAzure Active Directory Graph Client Libraryを使うと、C#などによる管理アプリケーションを簡単に構築できます。

　このREST APIを使う際にも、必ずログインと認可の処理が必要であり、この方法は後述する「5.3.4　APIとの連携（OAuth 2.0）」で紹介します。

　PowerShellを使用して処理を自動化する場合、**Get-Credential**によって表示されるプロンプトが自動化の障壁になります。プロンプトを表示させずにログオンを自動化する手順については下記の記事を参考にしてください。

参考資料
「AccessTokenを使用してLogin-AzureRMAccount/Add-AzureRMAccountを実行する」
https://aka.ms/iltons

5.3　Azure Active Directoryとのアイデンティティ（ID）フェデレーションとシングルサインオン

　本節では、実際に、Azure ADを使ってさまざまな形態のアプリケーションでIDフェデレーション（連携）を構成してシングルサインオンを実現します。

5.3.1　一般的なIDフェデレーションの流れ（OpenID Connect）

　前述のとおり、Azure AD はOpenID Connect（OAuth 2.0含む）、SAML 2.0、WS-

※5　Azure AD Graphの各機能は、今後、Microsoftの統一的サービスエンドポイントである「Microsoft Graph」に実装される予定です（現在は、まだ双方に機能差があります）。

Federationの各プロトコルに対応しています。以降では、現在主流となっている**OpenID Connect（またはOAuth 2.0）を使って解説**します。SAML 2.0、WS-Federationは本書で記載する内容（プロトコルの中身など）と異なりますが、証明書の利用、相互の信頼設定など、ベースとなる考え方の多くは似ているため、他のプロトコルを理解する上でも参考になるはずです。

まず、OpenID Connectを例に、最もシンプルなIDフェデレーションを見ていきます。アプリケーションにIDフェデレーションを構成するには、下記の手順を実施します。

1. アプリケーションの追加
2. ログイン画面の表示
3. トークンの取得と検証（クレームの取得）
4. ID（ユーザー情報）の同期
5. アクセス制御

■│アプリケーションの追加

まず、5.2.1項で紹介したAzureポータルのAzure AD管理画面で、ディレクトリの［アプリの登録］メニューを選択し、表示される画面上部の［新しいアプリケーションの登録］ボタンを押してアプリケーションを追加します。前述のとおり、スクリプトやAPIなどを使って登録してもかまいません。

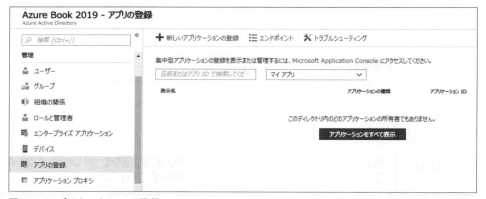

図5-5　アプリケーションの登録

表示される画面（図5-6）で、アプリケーションの名前を入力します。［アプリケーションの種類］では、今回は［Webアプリ/API］を選択します。［サインオンURL］には、作成するアプリケーションをホストするURL（今回の場合、このWebアプリケーションのURL）を入力します。

図5-6　アプリケーション情報の入力

　作成（登録）されたアプリケーションを表示すると、アプリケーションIDが自動で割り当てられています（下図）。この値は、この後クライアントIDとして使用するのでコピーしておきます。

図5-7　アプリケーションID

　また、［キー］メニューから、アプリケーション用のパスワードが作成できます。キーの有効期間（1年、2年、または無制限）を選択して、このパスワードを作成し、値をコピーしておきます。このキーの値も、この後クライアントシークレットとして使用するので覚えておきましょう。

図5-8　キー（クライアントシークレット）の作成

なお、先ほど設定した「サインオンURL」は[応答URL]のメニューで確認できます（応答URLは複数登録できます）。このURLもこの後必要になるためコピーしておきます。

図5-9　アプリケーションの応答URL

■ **ログイン画面の表示**

アプリケーションの追加が完了したら、実際にWebブラウザーを使ってAzure ADとのフェデレーションを行ってみましょう。

まずアプリケーション（今回はWebアプリケーションを想定）では、ユーザーによるログインが行われていない場合、下記のURLにリダイレクトすることでAzure ADのログインを要求します。

下記の三角かっこ（<>）の部分には記載されている内容を設定しますが、すべてURLエンコードが必要なので注意してください。例えば、応答URLが「https://contoso.com/testapp」の場合、下記の応答URLには「https%3A%2F%2Fcontoso.com%2Ftestapp」を設定します。

リスト5-3　ログインのリダイレクト先

```
https://login.microsoftonline.com/common/oauth2/authorize?client_id=<上記でコピーしたクライアントID>&response_mode=form_post&response_type=id_token&scope=openid+profile&redirect_uri=<上記でコピーした応答URL>&nonce=<この後解説>&state=<この後解説>
```

このURLに接続することで、下図のようなAzure ADのログイン画面が表示されます。ここで、前述したAzure ADのディレクトリのユーザー（Microsoftアカウント以外のディレクトリ内のユーザー）のIDとパスワードを入力してログインします。

図5-10　Azure ADのログイン画面

ログインに成功すると、先ほどredirect_uriに設定した応答URL（今回は「https://contoso.com/testapp」と仮定）に、下記のHTTP POST要求として戻ってきます。アプリケーション側では、この渡されたid_tokenを取得し、この後述べる方法で確認することで、ログインユーザーのID、氏名などの基本情報（クレーム）の取得や、渡されたトークンの検証が可能です。

リスト5-4　**Azure ADが返すHTTP POST**

```
POST https://contoso.com/testapp
Content-Type: application/x-www-form-urlencoded
id_token=eyJ0eXAiOi...&state=[先ほど入力したstate]&session_state=d974f654-1...
```

また、リスト5-3で設定したstateは、上記のようにログイン後の結果としてそのまま返ってくるため、アプリケーション側でリダイレクト後も覚えておきたい情報（状態情報など）がある場合、このstateに設定してリダイレクトすることで、ログイン後も同じ情報を取得して状態を維持できます。

リスト5-4のnonceについては、この後解説します。

■| トークンの取得と検証（クレームの取得）

先ほどのリスト5-4でアプリケーションが取得したid_tokenは、実は非常に多くの重要な情報を含んでおり、アプリケーション側ではこの確認（検証）を行います。

まず、このid_tokenは、「.」（ピリオド）で区切られた3つのトークン文字列となっており、それぞれのトークンはBASE64 URLエンコード（RFC 4648参照）されています。このトークンを分解して、それぞれをデコードすると、次の情報が含まれています。

1. 証明書の情報を格納したJSONフォーマットの文字列
2. クレーム情報を格納したJSONフォーマットの文字列
3. デジタル署名（バイナリ）

2番目のクレーム情報にはリスト5-5のような内容が記載されています。このクレームの1つ1つの項目の説明は割愛しますが、ここにはログインしたユーザーの基本情報だけでなく、このトークンの有効期限（下記のnbfとexp）、このアプリケーションのクライアントID（下記のaud）、ディレクトリ（テナント）ID（下記のtid）などが設定されており、アプリケーションは、これらがアプリケーションの利用条件に合うかどうかを検証できます。

例えば、現在時刻が有効期限からずれていた場合、アプリケーションは「トークンが期限切れである」というエラーを表示するとよいでしょう。もしテナントID（ディレクトリID）が契約しているディレクトリと異なるものであった場合は「ライセンスが取得されていない」といったエラーをユーザーに表示することになるでしょう。

ログインに成功したらユーザー名などを取得し、アプリケーション上で「ようこそ○○さん」などの表示を行うとよいでしょう。

リスト5-5　**クレームの内容**

```
{
  "aud": "adfcd8e9-209d-4c43-ab61-6d0830ea3b50",
```

```
  "iss": "https://sts.windows.net/0f567c5b-b63e-4d30-ba9e-e18a9ee335c2/",
  "iat": 1473684325,
  "nbf": 1473684325,
  "exp": 1473688225,
  "amr": [
    "pwd"
  ],
  "family_name": "デモ",
  "given_name": "太郎",
  "ipaddr": "167.220.232.112",
  "name": "デモ太郎",
  "nonce": "hkjhaskdhd",
  "oid": "7b33afe0-27ad-4bb7-8e5c-b8d195c52a77",
  "sub": "f9ql6oC485BRm3n7iT_pEgGJ-r6ZuGoml6t5v-A9Q4E",
  "tid": "0f567c5b-b63e-4d30-ba9e-e18a9ee335c2",
  "unique_name": "demouser01@demodir0001.onmicrosoft.com",
  "upn": "demouser01@demodir0001.onmicrosoft.com",
  "ver": "1.0"
}
```

　なお、このクレームの中にnonceが含まれている点に注意してください。このnonceは、先ほどのリスト5-3で設定した値がそのまま渡されていて、アプリケーション側では、このnonceを確認することで、同じnonceを使って2回以上処理が呼び出されないよう保護することができます。ネットワークなどをキャプチャし、同じ要求を再発行することで、相手のアプリケーションの挙動に影響を与え攻撃することを「リプレイアタック（Replay Attacks）」と呼びます。nonceはこうした攻撃に対処する際に使用できます。

　そして最後に、前述の3番目のデジタル署名を使って、そもそもこのid_token自体が外部プログラムによって改ざんされたものでないか（つまり、Azure ADが発行したものであること）を確認できます。

　本書では、このデジタル署名の確認手順の記載は省略しますが、詳細は筆者の下記のブログを参照してください。

参考資料

「Azure ADを使ったAPI開発（access tokenのverify）」
https://tsmatz.wordpress.com/2015/02/17/azure-ad-service-access-token-validation-check/

ASP.NET WebアプリケーションのIDフェデレーション設定

　ここでは手順は解説しませんが、Visual Studioを使って.NET Framework、.NET CoreのWebアプリケーション（つまり、ASP.NET、ASP.NET Core）を作成する際は、Visual Studioが前述の1～3の処理（アプリケーションの追加、ログイン画面の表示、トークンの取得と検証）をすべて自動で構築します。

　Visual Studio でASP.NETのアプリケーションを作成時に、次の図のとおり接続先のAzure ADのディレクトリを指定します。

図5-11　ASP.NET WebアプリケーションのIDフェデレーション設定

■ ユーザー情報の同期

アプリケーションがAzure ADを認証基盤として使用する場合、下記の2通りの構成が考えられます。

① Azure AD を直接参照する
② アプリケーションが独自の認証基盤を持っており、認証基盤とAzure AD間でIDフェデレーションを構成する

本章で紹介している方法は①です。アプリケーションはAzure ADを直接参照しています。
②の例としてわかりやすいのは、Salesforceとの連携です。SalesforceはAzure ADとID連携することが可能ですが、Salesforceのアプリケーション本体がAzure ADを参照しているわけではありません。Salesforceのアプリケーション本体は、Salesforce用の認証基盤を参照しています。Azure ADとID連携をしているのは、Salesforce用の認証基盤なのです。

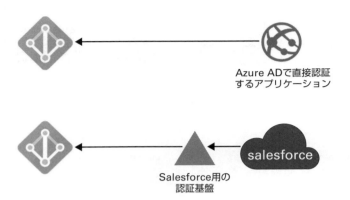

図5-12　Azure ADとの連携パターン

　②のパターンの場合、IDの同期は必須です。そもそもIDフェデレーションとは、異なる認証基盤間で認証結果を引き継ぐための技術です。「Azure ADの田中さんの認証結果を、Salesforceの田中さんに引き継ぐ」には、両方の認証基盤に田中さんが存在している必要があります。

　では、①のパターンではどうでしょうか。必ずしもユーザー情報の同期は必須ではありません。ユーザー情報が必要な場合は、Azure ADを直接参照すれば取得することが可能です。ただし、多くのアプリケーションには独自の管理簿が存在します。例えば、e-Learningシステムであれば利用者ごとの学習の進捗などは、Azure ADではなくアプリケーション側の管理簿として持つべきでしょう。このとき、ユーザーの一覧を管理簿に同期することが可能です。

　Azure ADにはユーザー同期の仕組みが提供されています。5.2.3項で述べたAzure AD Graphの「差分クエリ(Differential Query)」と呼ばれるAPIを使用すると、初回のみすべてのユーザーを取得し、2回目以降はユーザーの差分のみ(つまり、追加、変更、削除されたユーザーのみ)を取得できるため、このAPIと連携してユーザー管理をAzure AD上に一元管理し、(バッチなどを使って)定期的にアプリケーション側に差分のみを取り込んで、Azure ADとアプリケーションの双方で同じユーザー一覧を維持することができます(逆に、アプリケーション側に差分クエリと同等のAPIが提供されている場合には、双方向の反映も可能になるでしょう)[6]。

　Azure AD PremiumにはSCIM(スキム、System for Cross-domain Identity Management)と呼ばれる業界標準のユーザープロビジョニング用プロトコルも実装されています。Azure ADはSCIMクライアントの機能を持っており、SCIMサーバーに対してユーザーやグループの情報を同期することができます。アプリケーションにはSCIMサーバー機能を実装する必要がありますが、業界標準プロトコルであるため、Azure AD以外の認証サーバーとの連携も可能になります。詳しくは次の資料を参照してください。

---

[6] 本書では解説を割愛しますが、Azure ADを使うと、証明書連携により、ログイン画面を表示せずに組織(ディレクトリ)全体の権限でAPIを使った処理が可能です。この方法を使うと、バックエンドでユーザー情報の同期処理などのプログラムを構築できます。

> **参考資料**
>
> 「System for Cross-Domain Identity Management (SCIM) を使用して Azure Active Directory からユーザーとグループをアプリケーションに自動的にプロビジョニングする」
> https://docs.microsoft.com/azure/active-directory/manage-apps/use-scim-to-provision-users-and-groups

　実際、Azure ADと連携するいくつかのアプリケーションは、内部でこうした仕組みを使ってユーザー同期をしたり、アプリケーションによっては、同期後にある条件に応じてアプリケーション側の自動構成を行うもの（ユーザーが追加されるたびに、アプリケーション側で手動設定をする必要がないアプリケーション）などもあります。

■ アクセス制御

　アプリケーション開発者の悩みどころは「どこまで安全性を考慮すべきか」という点でしょう。Azure AD Premiumを使用すると、従来アプリケーションやその他のインフラが行わなければならなかったアクセス制御を簡単に実装することができます。これはアプリケーションの開発コストや、その他のインフラストラクチャへの投資コストを大幅に削減できることを意味しています。

　Azure ADには「条件付きアクセス」という機能が実装されています。これは、ユーザーがAzure ADで認証後、どのような条件を満たしていればアプリケーションにアクセスできるのかを制御するための機能です。この機能を使用すると、下記のような条件（ルール）を組み合わせて設定することができます。

- 条件を使用するユーザー、グループ
- アクセス先となるクラウドアプリケーション
- ユーザーが使用しているデバイス、プラットフォーム（Android、iOS、Windows、macOS）
- 場所（IPアドレスベース）
- ユーザーが使用しているクライアントアプリの種類（ブラウザー、ネイティブ）
- ユーザー認証に多要素認証を使用している
- デバイスがIntuneセキュリティポリシーに準拠している
- デバイスがハイブリッドタイプのAzure ADドメインに参加している
- ユーザーが使用しているクライアントアプリケーションが、Microsoft WordやExcelなど、IntuneのMAM（モバイルアプリケーション管理）をサポートしているアプリケーションである

　この他、Azure AD Identity Protection（Azure AD Premium P2の機能）を併用すると、サイバー攻撃を受けているなどのリスクを検出し、リスクの高いアカウントによるアクセスを動的に禁止することもできます。

「ハイブリッドタイプのAzure ADドメイン」とは

ハイブリッドタイプのAzure ADドメインとは、オンプレミスのActive Directoryと連携するように構成されたAzure ADドメインを示しています。これは、単にIDフェデレーションが構成されていればよいというわけではなく、Active Directoryに参加しているコンピューターのアカウントが、Azure ADに自動的に登録されるように構成されている必要があります。条件付きアクセスのルールでドメイン参加を有効にすると、Active Directoryに参加しているコンピューターは、Azure ADにも登録されている必要があります。Active Directoryに登録されているだけでは条件を満たすことができません。これは一見面倒な設定のようですが、企業が配布したデバイスであるかどうかを識別するのに便利な仕組みです。

Azure ADに自動登録されるためには、所定のグループポリシーが適用されている必要があります。グループポリシーは特定のOUに限定して適用することができるので、企業が配布したデバイスを特定のOUに移動してポリシーが適用されるようにすることで、個人で勝手に参加させたデバイスを条件付きアクセスによって拒否するように構成することが可能です。また、この構成はWindows 7やWindows 8.1に対しても有効であるため、Windows 10以外のデバイスも条件付きアクセスで制御することができます。

5.3.2 フェデレーションがもたらすさまざまなメリット

このIDフェデレーションの流れからわかるように、アプリケーション側では認証は行わずにAzure ADに任せ、認証された結果を使った認可（アプリケーションの利用権限の確認）をアプリケーションで処理しています。こうした分離（認証と認可の分離）された概念と、ブラウザーとインターネットプロトコルなどの標準技術をベースとした連携によって、アプリケーションはさまざまな恩恵を受けることができます。

まず、この方式で連携したアプリケーション間は、互いに**シングルサインオン（SSO）**が可能です。アプリケーションAが5.3.1項の方式でログインした後で、フェデレーションを構成しているアプリケーションBに同じブラウザーを使ってアクセスした場合、リスト5-2のURLにリダイレクトされた際、リダイレクト先（login.onmicrosoft.com）ではCookieなどによってすでにログイン済みであることを検知し、ログイン画面を表示することなくリスト5-4の形式でアプリケーションBに戻ってきます。つまり、ユーザーから見ると、ログイン画面が表示されず、ログインしている本人が自動で認識されて、アプリケーションBが使える状態になります。

またこの方式では、ログインの際のさまざまな付帯機能にも依存しません。例えば、Azure ADでは電話認証による多要素認証を設定できますが、この場合、リスト5-4に戻ってくる手前で下図のとおり多要素認証の確認が入り、電話による確認が完了するとリスト5-4に戻ってきます。つまり、アプリケーション側は電話認証用に作り変える必要は一切なく、今までどおり動作します。事前にWebブラウザーがすべて処理するため、アプリケーション側はブラウザー上で起こっていることに一切影響されません。後述するオンプレミスのActive Directoryとの連携でも同様です（連携の際、アプリケーションの作り替えは不要です）。

図5-13　多要素認証によるログイン

　また、5.3.1項ではWebアプリケーションを例に紹介しましたが、モバイルアプリやデスクトップアプリケーションの場合にほぼ同じ流れでアプリケーションを構築できる点も、この方式の大きなメリットです。これについては、この後5.3.4項で紹介します。

　また、認証と認可がセキュアに分離されているため、構成面での自由度も非常に高くなっています。今回はOpenID Connectを使ってAzure ADと連携していますが、アプリケーションはほぼ同じ方法で（エンドポイントのアドレスなど一部を変えることで）、GoogleアカウントなどOpenID Connectに対応した他のアイデンティティ基盤へ容易に連携できます。また、この後見ていくように、Azure ADからオンプレミスのActive Directoryへの連携など、構成の組み合わせも可能です。

5.3.3　マルチテナントへの対応

　5.3.1項で作成したアプリケーションは、特定のディレクトリに登録されたアプリケーションであり、他のディレクトリでは使用できません。もし皆さんがアプリケーションやソフトウェアを提供する事業者であった場合を想像してみてください。多くの顧客に構築したアプリを提供する際、顧客のディレクトリにその都度アプリケーションの登録が必要になってしまいます。

　Azure ADは「コンセント」と呼ばれる方法で、こうした配布の問題を解決します。

　AzureポータルのAzure AD管理画面を開き、5.3.1項で登録（追加）したアプリケーションの［プロパティ］メニューを選択してください。図5-14の［マルチテナント］を［はい］に設定して保存します。

図5-14 マルチテナントの設定

このように設定されたアプリケーションは、別のディレクトリ（テナント）からも利用可能になります。試しに、再度、リスト5-3のURLにアクセスし、今度はログイン画面で、このディレクトリとは異なるディレクトリのユーザーでログインしてみてください。

ログインに成功すると、下図のような「コンセント」と呼ばれる確認画面が表示され、利用者がこのアプリケーションを信頼した場合のみログインに成功します。このコンセントに同意すると、ここではじめて、アプリケーションはログインしたユーザーの個人情報などを取得できます。

図5-15 コンセントの表示

5.3.4 APIとの連携（OAuth 2.0）

昨今、スマートフォン上のアプリなどモバイル環境は当たり前となっています。そして、こうしたモバイルアプリの場合には、ここで解説するAPI連携が重要となります。

例えば、FacebookのIDでログインして使えるニュースアプリを想像してみてください。こうしたアプリは、最初にFacebookのログイン画面を出してトークンを取得するという流れまでは、5.3.1項で解説したフローと同じですが、以降は、定期的にFacebookの友達リストにアクセスして、まわりの友達がよく見ているニュースを皆さんに配信し続けるでしょう。

このように、多くのモバイルアプリでは、前述のログイン体験に加え、バックエンドのAPIとの連携が必要不可欠です。こうしたAPI連携のフローは、本項で解説するように、5.3.1項のフローを少し変えるだけで実現できます。

ここでは、5.2.3項で紹介したAzure AD GraphのAPIを使って、ディレクトリのユーザー一覧をAPIで取得する場合を例に紹介します。同じ組織のユーザー一覧は、現実のアプリケーション構築でも頻繁に必要になるでしょう。

まず、AzureポータルのAzure AD管理画面を開き、APIを呼び出すクライアントアプリケーションと、呼び出される側のAPIの間の関係を設定します。今回、クライアントアプリケーションとして、5.3.1項で登録したWebアプリケーションを使用します。

クライアントアプリケーションの［必要なアクセス許可］メニューを選択して、アクセス先のAPIのアプリケーションを追加します。今回は［Windows Azure Active Directory］（Azure AD GraphのAPIを意味しています）を追加しますが、Azure ADでは、このAPIは既定で追加済みなので、今回は何もする必要はありません。もし画面上に表示されていない場合には、下図で［追加］ボタンを押して、［Windows Azure Active Directory］を追加してください。

なお、本書では紹介しませんが、https://portal.office.comでOffice 365のライセンスを取得（契約）しているディレクトリの場合、Exchange Online、SharePoint OnlineなどのOffice 365のAPIも利用できます。例えば、Outlook REST APIを通してメールや予定表にアクセスしたり、OneDrive APIを通してファイルにアクセスできます。

図5-16　アプリケーション（API）の追加

上図の［Windows Azure Active Directory］をクリックすると、付与可能な権限の一覧が表示されます。この中から、今回は［委任されたアクセス許可］の中の［Read all users' basic profiles］チェックボックス（図5-17）をオンにして保存します（［Sign in and read user profile］は既定でオンになっています）※7。

図5-17　APIの権限付与

以上で事前設定は完了です。以降は、ログイン画面を表示してトークンを取得し、APIを呼び出します。

まず、ログイン画面を表示しますが、今回はリスト5-3の代わりに、下記のURLにリダイレクトしてAzure ADのログインを要求します。リスト5-3と異なり、response_typeにcodeが付与されている点に注目してください。

リスト5-6　ログインのリダイレクト先

```
https://login.microsoftonline.com/common/oauth2/authorize?client_id=
<クライアントID>&response_mode=form_post&response_type=id_token+code&
scope=openid+profile&redirect_uri=<応答URL>&nonce=<前述>&state=<前述>
```

Azure ADのログイン画面でログインに成功すると、上記で設定した応答URL（今回は「https://contoso.com/testapp」と仮定）に下記のHTTP POST要求として戻ってきます。ここでは、リスト5-4と異なりcodeが付与されている点に注意してください。この後、アプリケーションは、この返されたcodeを使用します。

リスト5-7　Azure ADが返すHTTP POST

```
POST https://contoso.com/testapp
Content-Type: application/x-www-form-urlencoded
code=AQABAAAAAA...&id_token=eyJ0eXAiOi...&state=<上記で入力した state>&
session_state=d974f654-1...
```

※7　権限付与では、不要な権限をできるだけ追加しないよう注意してください。マルチテナントのアプリケーションにした場合、図5-15のコンセント画面に、本来必要ない権限が羅列されます。

そして、次のようにバックエンドで（ブラウザーを使わずサーバー側で）HTTP POST 要求を発行します[8]。下記のcodeには先ほど受け取ったcodeの値、client_idには図5-7で取得したクライアントID、client_secretには図5-8で作成したキーの値を設定します。どの値もURLエンコードを行って設定する必要があるので注意してください。

リスト5-8　Azure ADに渡すHTTP要求

```
POST https://login.microsoftonline.com/common/oauth2/token
Content-Type: application/x-www-form-urlencoded
grant_type=authorization_code&code=[先ほど受け取ったcode]&client_id=
[クライアントID]&client_secret=[クライアントシークレット]&redirect_uri=
[応答URL]&resource=https%3A%2F%2Fgraph.windows.net
```

上記の結果として、Azure ADは下記のようなHTTP応答を返します。ここで返されるaccess_tokenが、Azure AD GraphのAPI呼び出しに必要な権限情報（認可情報）を含んだトークンです（このトークンは、「5.3.1　一般的なIDフェデレーションの流れ（OpenID Connect）」で解説したid_tokenと同じフォーマットであるため、同じ方法でクレームの取得やデジタル署名の確認ができます）。

リスト5-9　Azure ADが返すHTTP応答

```
HTTP/1.1 200 OK
Content-Type: application/json; charset=utf-8
{
  "token_type": "Bearer",
  "scope": "User.Read User.ReadBasic.All",
  "expires_in": "3599",
  "ext_expires_in": "0",
  "expires_on": "1473762266",
  "not_before": "1473758366",
  "resource": "https://graph.windows.net",
  "access_token": "eyJ0eXAiOi...",
  "refresh_token": "AQABAAAAAA..."
}
```

Azure AD GraphのAPIを使ってディレクトリのユーザー一覧を取得するには、下記のHTTP要求（REST API）を呼び出します。このとき、上記で取得したaccess_tokenの値を下記のAuthorizationヘッダーの値として設定します[9]。

ユーザー一覧の結果は、JSONとして返ってきます（この内容は割愛します）。

---

[8] モバイルアプリの場合、サーバーを使わないケースもありますが、この場合にはクライアントシークレットを使わずにクライアント側だけで処理できます。この手順については本書では説明を割愛します。

[9] このaccess_tokenの有効期限は既定で1時間です。1時間を経過してなおAPIを呼び出す場合は、リスト5-9のrefresh_tokenを使ってaccess_tokenを再取得できます（なお、このライフタイムの設定は変更可能です）。

リスト5-10　**Azure AD Graphによるユーザー一覧の取得**

```
GET https://graph.windows.net/demodir0001.onmicrosoft.com/users?api-v
ersion=1.6
Accept: application/json
Authorization: Bearer eyJ0eXAiOi...
```

「5.1.2　Azure Active Directoryとその特徴」で、Azure ADがOffice 365などに依存せず皆さん自身で使える点を強調しましたが、こうしたAPI側のアプリケーション（上記のAzure AD Graphに相当するAPI）として、ここで紹介したAzure AD GraphのようなMicrosoftが提供するAPIだけでなく、**Azure ADを使うと皆さん自身が構築したAPIサービスも同じ方法で利用できます**。通常、こうしたアイデンティティ基盤では、ベンダーがあらかじめ提供するAPIのみにアクセスするケースが多いですが、Azure AD GraphやOffice 365と同等のAPIセットを含んだアプリケーションをISV企業が独自に展開して公開して、他の顧客企業が利用できる点は、Azure ADの重要なメリットの1つです[10]。

こうしたAzure ADを使ったaccess_tokenの取得は、**Active Directory Authentication Library（ADAL）**と呼ばれるライブラリを使って、簡単にプログラミングすることもできます。下記はWindowsフォームアプリケーションでこのADALを使用したサンプルコードですが、iOS版、Android版など、さまざまなプラットフォームのADALが提供されています。

リスト5-11　**ADALを使ったサンプルコード**

```
using Microsoft.IdentityModel.Clients.ActiveDirectory;
using System.Net.Http;
using System.Net.Http.Headers;
private async void button1_Click(object sender, EventArgs e)
{
  // トークンの取得
  AuthenticationContext authCtx =
    new AuthenticationContext("https://login.microsoftonline.com/common");
  AuthenticationResult authRes = await authCtx.AcquireTokenAsync(
    "https://graph.windows.net",
    "aaaaaaaa-aaaa-aaaa-aaaa-aaaaaaaaaaaa",  // Client id
    new Uri("https://contoso.com/testapp02"),  // Redirect Uri
    new PlatformParameters(PromptBehavior.Auto));
  // Azure AD Graph によるユーザー一覧の取得
  HttpClient cl = new HttpClient();
  var acceptHeader =
    new MediaTypeWithQualityHeaderValue("application/json");
  cl.DefaultRequestHeaders.Accept.Add(acceptHeader);
  cl.DefaultRequestHeaders.Authorization
    = new AuthenticationHeaderValue(authRes.AccessTokenType,
authRes.AccessToken);
```

[10] API側を構築する場合、API側では受け取ったaccess_tokenの値を検証して必要な処理を行います。このAPI側のプログラミング方法の詳細は、筆者の下記のブログを参照してください。
「Azure ADを使ったAPI開発（access tokenのverify）」
https://tsmatz.wordpress.com/2015/02/17/azure-ad-service-access-token-validation-check/

```
    HttpResponseMessage httpRes =
        cl.GetAsync("https://graph.windows.net/demodir0001.onmicrosoft.
com/users?api-version=1.6").Result;
    var resultString = httpRes.Content.ReadAsStringAsync().Result;
    . . .（以降、省略）
}
```

5.3.5 Azure Active Directory v2.0 エンドポイント

　ここまで、Azure ADのエンドポイント（https://login.microsoftonline.com/common/oauth2）を使ったOpenID ConnectやOAuth 2.0のフロー（連携方法）を見てきましたが、実は、Azure ADには次期版であるv2.0エンドポイント（https://login.microsoftonline.com/common/oauth2/**v2.0**）が存在します。この最新のエンドポイントを使っても、同様にOpenID ConnectやOAuth 2.0の処理が可能です。

　この新しいエンドポイントの最大の利点は、「5.1.4　Azure Active DirectoryとMicrosoftアカウントの関係」でも解説した個人向けアイデンティティである**Microsoftアカウント（MSA）も扱える**点です。

　これまで、Microsoftアカウントを使用した認証・認可を行うには、Microsoftアカウント（旧Liveサービス）の認証エンドポイントであるhttps://login.live.com/でOAuth 2.0の処理を行い、そこで取得したトークンでさまざまなサービスに対する処理を行う必要がありました。商用版のExchange Online（Azure ADを使用）と個人向けのOutlook.com（Microsoftアカウントを使用）、商用版のOneDrive for Business（Azure ADを使用）と個人向けのOneDrive（Microsoftアカウントを使用）など、Microsoftにおける商用版のサービスと個人向けのサービスを使用する場合に、相互でまったく異なるエンドポイントを使用する必要があります。

　最新のAzure AD v2.0エンドポイントを使用すると、商用版のExchange Online（Azure ADを使用）と個人向けのOutlook.com（Microsoftアカウントを使用）の各APIを呼び出す際に、双方とも同じAzure AD v2.0エンドポイントで認証を行い、そこで取得したトークンを使ってExchange OnlineとOutlook.comの双方でAPIを呼び出せるようになっています。

　一方、このエンドポイントは、本書の執筆時点（2018年10月）では、**いくつかの制限事項がある**ことに注意してください。この制限事項の詳細は下記を参照してください。

参考資料
「Azure AD v2.0エンドポイントとv1.0エンドポイントの比較」
https://docs.microsoft.com/azure/active-directory/develop/azure-ad-endpoint-comparison

5.3.6 アプリケーションギャラリーを使ったフェデレーション

　ここまで、アプリケーションを実際にAzure ADとともに動作させる際の処理の流れを紹

介しました。しかし、皆さんがもし、Salesforce、Gmail、kintoneなど、すでに市場に出ている著名アプリを使いたいと思ったなら、上述のとおり手動で連携させるのではなく、ここで紹介するアプリケーションギャラリーの使用を検討してください。

AzureポータルのAzure AD管理画面で［エンタープライズアプリケーション］メニューを選択して［新しいアプリケーション］ボタンを押します。

図5-18 ギャラリーからのアプリケーション選択（1）

下図のとおり、3000種類以上のアプリケーションの中からフェデレーションしたいアプリケーションを選択できます。欲しいアプリケーションが決まっている場合は、検索ボックスで名前から検索できます。

図5-19 ギャラリーからのアプリケーション選択（2）

アプリケーションを選択して先に進むと、連携のために必要な作業を順番に記したページが表示されます。下図はSalesforceを追加した際のページです。後は、この順番に沿って作業を進めることで、フェデレーションが完了できるようになっています。

図5-20　アプリケーションのスタートページ

　SalesforceやG Suiteなど、アプリケーションギャラリーに登録されたほとんどのアプリケーションは、SAML 2.0やOpenID Connectなどの標準プロトコルによってフェデレーションされます。このフェデレーションがいかに多くの恩恵をもたらすかについては、5.3.2項で解説しました。
　一方、アプリケーションギャラリーに含まれるFacebook、Twitterなどは、自身のアプリケーションを標準プロトコルで他のアイデンティティプロバイダーに接続するための本質的な方法を持っていません。Facebook、Twitter自身がアイデンティティプロバイダーとなって周辺のアプリケーションとフェデレーションすることは可能ですが、その逆は不可能です。
　このため、これらの対応していない一部のアプリケーションでは、プラグインや専用アプリケーションによる特殊な方法を使って連携を強制するようになっており、本質的なアイデンティティのフェデレーション（いわゆる標準プロトコルを使ったフェデレーション）ではない点に注意してください。この結果、これらの一部のアプリケーションについては、専用のプラグインやアプリケーションが必要であったり、特定のURLのみからアクセスしないとログインできないなど、さまざまな利用面での制約があります。これを「パスワードベースのシングルサインオン」と呼びます。

5.3.7 Active Directory（企業内アイデンティティ）とのフェデレーション

ここまでは、Azure AD自身がアイデンティティプロバイダーとなり、周辺のアプリケーションとフェデレーションしました。例えば、Salesforceと連携する際には、Azure AD側のログイン画面を表示して、Azure AD側で認証処理を完了し、その結果としてのトークン（またはSAMLのアサーション）をSalesforce側に渡して、Salesforce側は受け取った内容をもとに処理を行います。

Azure ADは、こうしたフェデレーションだけでなく、逆に外部のアイデンティティプロバイダーと連携し、その認証結果を受け取って周辺のアプリケーションと連携させるようなアイデンティティフェデレーションも可能です（下図）。例えば、オンプレミスのActive Directoryとはこのような方法でフェデレーションします[11]。

図5-21　外部アイデンティティプロバイダーとAzure ADの連携

Active DirectoryとのIDフェデレーション構成を行うには、まず、オンプレミスでActive Directory（Active Directoryドメインサービス）との連携（フェデレーション）を担当するActive Directoryフェデレーションサービス（AD FS）を実行します。次に、インターネット上からこのAD FSへの接続を可能にするため、ドメインの外にWebアプリケーションプロキシ（AD FS Proxy）を実行してAD FSと連携させ、このWebアプリケーションプロキシをインターネットからの接続が可能になるよう構成します（この構成手順の説明は割愛します）。

上記の一連の構成が完了した環境に、「Azure AD Connect」と呼ばれるAzure AD連携ツールをインストールして構成することで、上記のAD FSやAzure ADとのIDフェデレーションを構成することができます。

Azure AD Connectは構成後、サービスとして実行され、ユーザーの同期など必要な処理を定期的に実行します[12]。

---

[11] このような連携が可能なのは、Active Directory、シボレス（Shibboleth）、およびOffice 365 Identityプログラムで認定されたカスタムプロバイダーです。

[12] Azure AD Connectの具体的なセットアップ方法については、下記のドキュメントと、そこからリンクされるセットアップ手順を参照してください。簡易設定による高速インストールとカスタムインストールの2とおりの方法があります。
「ハイブリッドIDのドキュメント」
https://docs.microsoft.com/azure/active-directory/hybrid/index

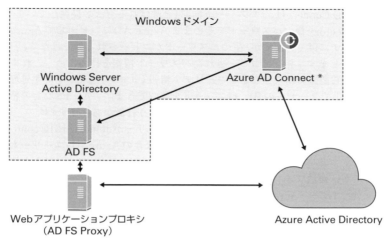

* Azure AD Connectはカスタムインストールの場合、ドメイン外の配置も可能

図5-22　Azure ADとActive Directoryのフェデレーション構成

　利用者がAzure ADのアプリケーション（前述のカスタムアプリケーションやギャラリーアプリケーション）にアクセスすると、アプリケーションはAzure ADのログイン画面にリダイレクトしますが、ここでユーザーがActive Directoryユーザーであると判断されると（例えば、入力したユーザーIDのドメインなどで判断されます）、Azure ADはさらにAD FS（ただし、インターネットからの利用の場合は、Webアプリケーションプロキシにより公開されたエンドポイント）のログイン画面へとリダイレクトします[13]。

　ユーザーがAD FS（もしくはWebアプリケーションプロキシ）でActive DirectoryのIDとパスワードを使ってログインすると、AD FSは呼び出し元のアプリケーションであるAzure ADにセキュリティ情報（アサーション）を付与して戻し、これを受け取ったAzure ADはその内容の確認を行います。内容に問題がなければ、呼び出し元のアプリケーションにトークン（セキュリティ情報）を発行して戻します。この際のトークンの内容と、前述のAD FSが返すセキュリティ情報は異なります。このトークンは、Azure ADがアプリケーション用に新規に発行します。

　つまり、Azure ADとIDフェデレーションしているアプリケーションからは、その先のActive Directory（およびAD FS）の存在はまったく見えていません。アプリケーションからは、Azure ADが普通に認証を行ってアプリケーションに返したときと同じように見えています。同様に、AD FSもAzure ADの背後にあるアプリケーションは見えていません。AD FSから見れば、Azure ADも「普通のアプリケーション」として見えています。

　またユーザー情報の同期に関しても、オンプレミスADとAzure AD間での同期（Azure AD Connectが実施）と、Azure ADとアプリケーション間とではそれぞれが独立して動作しています。それぞれにタイムラグはありますが、Active Directoryの情報は確実にアプリケーションにも伝搬されることになります。

---

[13] このとき、オンプレミスのドメインから接続している場合には、Windows統合認証によってログインが完了し、直ちにAzure ADへセキュリティ情報を付与して戻されます。つまり、企業内のアイデンティティとシングルサインオンされた状態になります。

Azure AD Connectは、「パスワード同期」と呼ばれる方法も提供しています。この方法は、Active Directory側のパスワードをそのままAzure ADにコピーしてAzure AD側で認証するアプローチに似ていますが、生のパスワードがコピーされるのではなく、パスワードのハッシュを使用します。相互でコピーされたパスワード情報を持つため、これまでのようにオンプレミスから認証の結果となるセキュリティ情報（トークンなど）を戻す処理は不要で、直接Azure AD上でユーザーのID、パスワードを確認できます。AD FSなどの特別なサービスを構成する必要がないため、導入が容易であるという特徴があります[※14]。

　IDフェデレーションはドメイン（例えば、ユーザーがdemouser01@contoso.comである場合の「contoso.com」）によって判断されるため、既存のAzure ADユーザーも組み合わせて使用できます。また、本節では単純に単一のActive Directoryフォレストと連携する例で紹介しましたが、複数フォレストを対象としたり、前述のようなサードパーティのアイデンティティプロバイダー（Active Directory以外のアイデンティティプロバイダー）と組み合わせるなど、より応用的なフェデレーション構成も可能です。

5.3.8 フェデレーションのまとめ

　このように、企業内のActive DirectoryのID/パスワードを使って、カスタムアプリケーションやSalesforceなどのSaaSにシングルサインオンでログインすることができます。Azure ADをハブとして、サードパーティアプリケーション（ギャラリーのアプリケーション）、オンプレミスで独自に構築したカスタムアプリケーション、さらにはオンプレミスのActive Directoryが統合されます。

　また、Active Directoryとの連携機能や高度なセキュリティ機能（電話などによる多要素認証、ログインの詳細なログ機能など）を有しないアプリケーションであっても、Azure ADと連携するだけで、（Azure ADを中継して）これらの恩恵をすべて受けられるという点も非常に魅力です。

5.4 Azure Active Directory B2B

　複数の組織（または複数の企業）で同一のアプリケーションを共有しなければならない場合、認証の課題を解決するには大きく分けて下記の3つの方法が考えられます。

① ID/パスワードの同期
② Active Directoryドメイン間の信頼関係
③ アイデンティティフェデレーション（IDフェデレーション）

　①は古くからおなじみの方法ですし、今でも使用している企業や組織は多いはずです。一般的に、マスターとなるデータベースやLDAPサーバーから各システムに一方通行の同期を

[※14] なお、このパスワード同期を従来のフェデレーションとともに構成してもかまいません。AD FSインフラストラクチャで障害が発生した際のバックアップを保持しておきたい際に、こうした構成をします。

実装している企業が多いでしょう。中には双方向同期が可能な「メタデータベースシステム」と呼ばれる高価なアプリケーションサービスを導入している企業もあります。メタデータベースシステムは設計の難易度が高くコストも増えるため、大企業で多く採用されています。

同期を用いる方法は、個々のシステムの独立性を高めることができるため、各システムの導入を担当するSIベンダー間の責任分界点が設定しやすいという表面上のメリットもあります。また、設計や運用思想自体がITに不慣れな部門でも理解しやすいため、受け入れられやすい傾向にあることも事実です。一方で新しいシステムを導入するたびに同期先が増え続け、各部門からのさまざまな要望を取り入れた結果、結果的に同期ルールが複雑になりすぎて管理コストが増大したり、トラブル発生時の対処に限界を感じている企業もあるはずです。

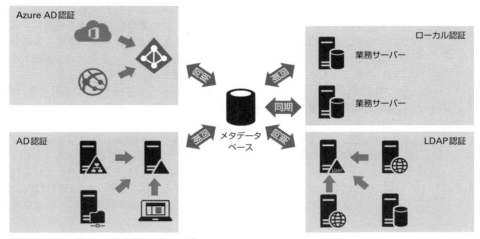

図5-23　ID/パスワード同期のイメージ

社内に複数のActive Directoryドメインを持つ企業では、②に示したドメイン間の信頼関係によって、アプリケーションを共有している場合もあるでしょう。「信頼関係」のメリットは、IDの管理をドメインごとに独立して行える点です。ユーザーがパスワードを忘れてしまった場合の対処も各ドメインの管理者が行うことになるため、基本的にアプリケーション提供側の負担が増えるといった問題は発生しません。アプリケーション側では、アプリケーション固有のユーザー情報や、アプリケーション内でのユーザー権限のみを管理することになります。一見、理想的な構成ではありますが、Active Directoryドメイン（またはActive Directoryに相当するKerberosサービス）の導入が必須になります。現在もよく使用されているLDAPサービスのみで信頼関係を構築することはできません。また、ファイアウォールで閉じられた社内利用に限られるという点も大きな制限事項になる可能性があります。間にインターネットを挟む場合には、安全性や経路上のネットワーク構成などから、ドメイン間の信頼関係構築を断念せざるを得ないでしょう。その場合にはVPNを使用するなどの工夫が必要になります。

図5-24　Active Directoryドメイン間の信頼関係のイメージ

③は、「5.3.7　Active Directory（企業内アイデンティティ）とのフェデレーション」を読み進めてきた読者ならば、意図するところは理解できているはずです。アイデンティティフェデレーションは、もともと複数の組織間および企業間のID連携を想定して設計されたテクノロジです。例えば、本社のアプリケーションを子会社の社員が使用する場合、従来は本社側の認証サーバーに子会社の社員のユーザーIDとパスワードを登録する必要がありました。一見、当然と思える方法ですが、これには問題もあります。

例えばIDの管理です。本来、自社の社員ではないユーザーIDの管理を行うわけですから、当然そのコストを考慮する必要があります。パスワード忘却時の対応などもコストの一部となります。そこで、認証側と認可側を明確に分離するというアイデンティティフェデレーションが有用になります。アイデンティティフェデレーションを使用することで、子会社の社員は自社で使用しているユーザーIDとパスワードをそのまま使用することができます。本社側（アプリケーション提供側）では、どのような条件（例えば子会社における所属部門など）が満たされたら、ユーザーにどのようなロール（一般ユーザーまたは管理者など）を与えるのかといった定義をするだけで済みます。親会社側では個々のユーザーIDを管理する必要はありません。

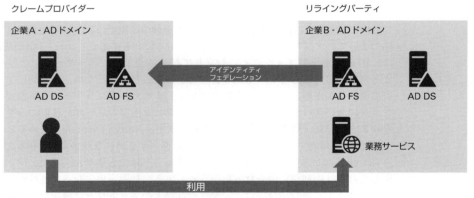

図5-25　企業間のIDフェデレーションのイメージ（オンプレミス）

しかし、この構成にも問題がないわけではありません。一言で言えば「手軽でない」のです。企業間のID連携を行うために、フェデレーションサービスを提供するアプリケーションサーバーの導入が必要になります。Microsoftのサービスで言えば、Active DirectoryフェデレーションサービEス（AD FS）の導入が、各企業内で必須になるのです。また、5.3.7項で解

説した認証要求を他社に転送するための認証用リバースプロキシ（AD FSプロキシ、Webアプリケーションプロキシ）の構築も必須です。こうした複雑さにより、企業間のアイデンティティフェデレーションを導入している企業はあまり多くはありません。

Azure Active Directory B2B（Azure AD B2B）は、こうした問題を解決するためのソリューションです。簡単に言えば、Azure ADドメイン間のアイデンティティフェデレーションを実現するための機能です。もとよりAzure ADはクラウド上に露出しているため、ファイアウォールのポート構成を行ったり、認証用のリバースプロキシを新たに導入するといった手間が一切ありません。

Azure AD B2Bの具体的な用途を、Office 365を例にして説明しましょう。Office 365を使用している企業Aが、協力会社に所属するプロジェクトメンバーにもドキュメントの参照や編集を許可したいとします。本来であれば、Office 365が認証基盤として使用しているAzure ADに協力会社のメンバーを登録し、企業A側でID管理を行う必要がありますが、Azure AD B2Bを使用することで、Azure ADテナント間のフェデレーションを有効にすることができます。

このような使い方はOffice 365だけに限りません。企業の業務アプリケーションがAzure ADを使用している場合には、同様の方法で他社または別組織のAzure ADとテナント間のアイデンティティフェデレーションを有効にすることができます。

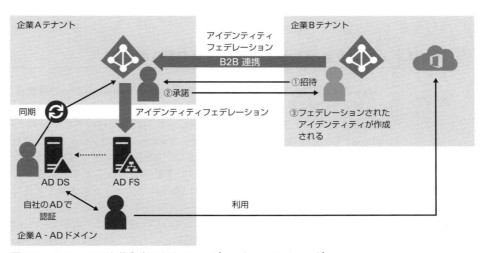

図5-26　Office 365を共有するためのフェデレーションのイメージ

なお、下記のような不安をお持ちの方がいらっしゃるのではないでしょうか。

「テナント間でフェデレーションを構成してしまうと、別の組織の全員がアプリケーションを使用できてしまうのではないだろうか？」

このような心配は無用です。アイデンティティフェデレーションとはそもそもユーザーID単位での連携です。Azure AD B2Bにおいても同様で、許可したユーザー以外はアプリケーションを使用することができません。これはオンプレミスActive DirectoryとAzure AD間

でのアイデンティティフェデレーションでも同様です。フェデレーションを構成したからといって無条件ですべてのユーザーがAzure ADのアプリケーションを使用できるわけではありません。利用を開始する前にIDの同期が必要であることを思い出してください。オンプレミスActive DirectoryとAzure AD間では「Azure AD Connect」というツールを使用してIDの同期を行います。このとき、フィルター機能を使用して同期しなかったユーザーIDはOffice 365などのアプリケーションを使用することができません。Azure AD B2Bでも同様なのです。

5.5　Azure Active Directory B2C

　ここまでは、企業向けのクラウドに最適化されたアイデンティティ基盤としてのAzure ADを見てきました。本節で紹介するAzure Active Directory B2C（Azure AD B2C）と、次節で紹介するAzure Active Directory Domain Services（Azure AD Domain Services）は、いずれも「Azure AD」という名前は付与されていますが、ここまで見てきたAzure ADとは異なる利用シナリオのサービスです。

　まず、Azure AD B2Cについて紹介します。

5.5.1　Azure Active Directory B2Cの意義

　Azure AD B2Cは、その名が示すとおり、企業（**B**usiness）が一般消費者（**C**onsumer）向けに認証・認可機能を提供する際に使うことのできるサービスです。

　Azure AD B2Cが提供する機能は、主に一般消費者向けのアイデンティティ管理機能と、Facebook、Google、Microsoftアカウント、Twitterなどのソーシャルアカウントとの連携機能です。このソーシャルアカウント連携はASP.NETなどのアプリケーションフレームワークなどにも同様の機能が提供されているので不要に思われるかもしれませんが、Azure AD B2Cが得意としている点は、その可用性、セキュリティ、カスタマイズ性などを含んだ**エンタープライズレベルの信頼性**です。

　Azure AD B2Cは、そのベース技術として、1日10億以上の認証（トランザクション）を処理するAzure ADを使用しています（内部は、これまで紹介したAzure ADのディレクトリの拡張として実装されています）。このため、例えば、億単位を超えるような著しくユーザーの多い高負荷なサービスにおいても、安定した認証・認可基盤を提供できるのです。例えば、著名なプロサッカークラブであるレアル・マドリードのファンサイトなどでも、すでに使用されています。

　またクラウドサービスとしてホストされているため、高度な検知機能やセキュリティレポートなど、高付加価値な機能を常に最新の状態で使うことができます。

5.5.2 | Azure Active Directory B2Cディレクトリの作成と管理

Azure AD B2Cのディレクトリも、通常のAzure ADのディレクトリ作成と同じ手順で、Azureポータルの［リソースの作成］—［Azure Active Directory B2C］を選択して作成画面を表示し、表示される画面で［新しいAzure AD B2Cテナントを作成する］を選択することでAzure AD B2Cのディレクトリを作成できます※15。

図5-27　Azure AD B2Cディレクトリの作成

作成が完了したら、Azure AD同様、Azureポータルの右上のメニューから作成したディレクトリを選択して管理できます（作成したディレクトリが表示されていない場合は、Azureポータルを再表示してください）。

管理の際は、Azureポータルのナビゲーションメニュー（左部）の［Azure AD B2C］を選択します（［Azure Active Directory］ではないことに注意してください）。使用するアイデンティティプロバイダー（Facebook、Googleなど）やポリシーなどのさまざまな管理ができます。図5-28の右側の管理項目から、必要な管理作業を実施します。

※15　本書の執筆時点（2018年10月）では、Azure AD B2Cのテナントを東日本、西日本リージョンに作成することはできません。

図5-28 B2Cディレクトリの管理画面

　Azure AD B2Cを使って、構築したアプリケーションを連携させるには、最低限、アプリケーションとアイデンティティプロバイダーのセットアップを事前に実施しておく必要があります。

■| アプリケーションの管理

　5.3.1項で解説したように、Azure ADディレクトリでは、連携して使用するアプリケーションの情報（URLなど）をあらかじめ登録しておきました。Azure AD B2Cディレクトリもまったく同じように、事前にアプリケーションの登録を行います。

　アプリケーションの登録時、Azure ADの際にはクライアントID（アプリケーションID）が作成されましたが、B2Cディレクトリでも同様です。アプリケーション用のパスワード（5.3.1項のクライアントシークレット）と同じApp Keyも作成できます。

　後述しますが、フェデレーションの流れは本質的にはAzure ADのときと同様なので、こうした概念はAzure ADと類似しています。

■| アイデンティティプロバイダーの管理

　Azure AD B2Cでは、アカウントをディレクトリ内で直接管理する方法以外に、FacebookやGoogleなどのソーシャルアカウントとの連携も可能です。

　この連携を構成（設定）するには、事前に各アイデンティティプロバイダー（Facebook、Googleなど）に連携先のAzure AD B2Cを登録しておき（アイデンティティプロバイダー側にはAzure AD B2Cをアプリケーションとして登録しておき）、この際に取得した連携用のアプリケーションID（またはクライアントID）やシークレットなどをAzure AD B2C側に設定します。

　アイデンティティプロバイダーごとの設定手順は、Azureのドキュメントに記載されているので参考にしてください[16]。

---

[16] 例えば、下記のようなドキュメントがあります。
「Azure Active Directory B2Cを使用してMicrosoftアカウントでのサインアップおよびサインインを設定する」
https://docs.microsoft.com/azure/active-directory-b2c/active-directory-b2c-setup-msa-app

5.5.3 ポリシー

　Azure AD B2Cディレクトリを使用した際の動作は、ポリシーを使って細かく制御できます。ポリシーは、作成直後は1つも登録されていないため、必ず最初に作成が必要です。複数作成することもでき、使用時にURIを使って使用するポリシーを指定できます。

　例えば、サインインポリシーを一般ユーザー用と管理者用の2つ準備し、それぞれに、サインイン（ログイン）を行う際に連携可能なアイデンティティプロバイダー（Facebook、Googleなど）やログイン画面のデザインなどを設定（セットアップ）して、一般ユーザーがログインする際の動作と管理者がログインする際の動作を分けることが可能です。

　ポリシーには種類があり、サインアップ時（初回のログインとアカウント登録時）のポリシー、サインイン時のポリシー、プロファイル編集時（ユーザー属性の編集時）のポリシー、パスワードリセット時のポリシーの4種類が存在します。前述のとおり、それぞれについて、複数のポリシーを持たせることができます。

5.5.4 画面（UI）のカスタマイズ

　Azure AD B2Cのログインの際、初期状態では下図のように表示されます。ご覧のとおり、最低限のUIしか提供されないため、このままでは実稼働のアプリケーションで使用するのは困難です。

図5-29　ログイン時の画面（初期設定時）

　Azure AD B2Cは、カスタマイズを行って使用することを前提としています。サインアップやログインなどのUIをカスタマイズするには、HTMLでデザインを作成してインターネットからアクセス可能な場所（Azure App Serviceなど）に配置し、前述のポリシーに、こ

のカスタマイズしたページのURLを設定します※17。

図5-30　ログイン時の画面（カスタマイズ例）

5.5.5　Azure Active Directory B2Cの動作

　設定（セットアップ）したポリシーの内容でAzure AD B2Cの動きを確認したい場合には、ポリシーの設定ページにある［今すぐ実行］ボタンをクリックします。

図5-31　ポリシーの動作確認

※17　なお、カスタマイズされたUIは、ブラウザーからCORS（クロスオリジンリソース共有）を使用して取得されるため、配置先のサイトのCORSを有効にしておいてください。また、ボタンのデザイン変更は、HTMLのスタイル（Style）を変更します。カスタマイズ方法の詳細は下記を参照してください。
「Azure Active Directory B2C：Azure AD B2Cユーザーインターフェイス（UI）のカスタマイズ」
https://docs.microsoft.com/azure/active-directory-b2c/active-directory-b2c-reference-ui-customization

例えば、サインインポリシーを使ってログイン処理を実行した場合（[今すぐ実行] ボタンを押した場合）には、下記のようなURLが表示されます。

リスト5-12　サインインの際のURLの例

```
https://login.microsoftonline.com/b2cdemo01.onmicrosoft.com/oauth2/
v2.0/authorize?p=B2C_1_testpol01&client_Id=b8485bfb-3178-4041-bb2c-
7cee34652a72&nonce=defaultNonce&redirect_uri=https%3A%2F%2Flocalhost%
2Ftest01&scope=openid&response_type=id_token&prompt=login
```

このURLはAzure ADの「5.3.1　一般的なIDフェデレーションの流れ（OpenID Connect）」で紹介したURLに似ていますが、基本的に5.3.1項で紹介したフローと同じ流れでサインイン（ログイン）が完了し、セキュリティ情報（トークン）がアプリケーションに渡されます。

上記のURLにリダイレクトすると、最初に先ほどの図5-30のようなカスタマイズされたログイン画面が表示されます。この画面で [Local Account SignIn] を選択すると、Azure AD B2Cのディレクトリ上でのログインが行われ、アイデンティティプロバイダー（Facebook、Googleなど）のボタンを押すと、各アイデンティティプロバイダーのログイン画面にリダイレクトされ、そこでログインに成功すると、このAzure AD B2Cディレクトリに戻ってきて、ログインの手続きが行われます。「5.3.7　Active Directory（企業内アイデンティティ）とのフェデレーション」で解説したように、各アイデンティティプロバイダー（Facebook、Googleなど）からは連携しているAzure AD B2Cがアプリケーションのように見えており、2ホップの連携を介して最終的なログイン（認証）が完了します。

先ほどのリスト5-12の「B2C_1_testpol01」はポリシー名です。前述のとおり、使用するポリシー（使用するアイデンティティプロバイダー、ログイン画面のデザインなど）を変更したい場合は、このポリシー名を変更します。

また、リスト5-12のURLからわかるように、Azure AD B2Cでは5.3.5項で解説したAzure AD v2.0エンドポイントが使用されています。

なお、ソーシャルアカウントと連携して使用する場合でも、サインアップの際にアイデンティティプロバイダー（Facebook、Googleなど）から取得したユーザー属性がAzure AD B2Cのディレクトリのユーザー属性に格納（コピー）されてディレクトリ内に保持されます。ただし、アイデンティティプロバイダーとの間でのユーザー同期は行われません。プロファイル編集画面を使って、ユーザー自身で自分の属性を管理します。

本書では手順の説明を行いませんが、Azure AD B2Cでは、こうしたユーザー属性の細かな設定（セットアップ）も行うことができます。

5.5.6　さらに高度なカスタマイズ

Azure AD B2Cでは、XMLベースの定義ファイルを使用することで、業界固有の他の（カスタムの）アイデンティティプロバイダー（IdP）を統合したり、既存のユーザーリポジトリと連携させるなど、現実のニーズに即したさらに細かなカスタマイズが可能です（このIdentity Experience Frameworkは、本書の執筆時点でプレビューの機能です）。詳細な手順

は、下記の資料を参照してください※18。

> **参考資料**
> 「Azure Active Directory B2Cでのカスタムポリシーの概要」
> https://docs.microsoft.com/azure/active-directory-b2c/active-directory-b2c-get-started-custom

5.6 Azure Active Directory Domain Services

多くの企業や組織がActive Directoryドメインにより企業内のユーザーやグループの一元管理、グループポリシーによるPC管理、そしてアプリケーション認証の統合を実現しています。2000年にWindows 2000 Serverの注目の機能として登場したActive Directoryは、現在まで進化し機能強化され続けていますが、コアのテクノロジは当初の設計思想のままであり、基本的に従来の実装と管理方法を踏襲しています。

Azure AD Domain Servicesの説明に入る前に、読者の皆さんが用語を適切に使用できるよう、Windows Server 2008の登場と同時に変更されたActive Directoryのブランディングについて触れておきたいと思います。

従来、ドメインコントローラー（DC）を実現する認証サービスを「Active Directory」と呼んでいましたが、Windows Server 2008の登場と同時に「Active Directory」はMicrosoftにおけるIAM（アイデンティティ/アクセス管理）サービス共通のブランド名となりました。そして、認証サービスは従来の「Active Directory」から「Active Directoryドメインサービス（AD DS）」へと改称されました。2008年以降、Windows Serverに実装されているIAMサービスは下記の5種類です。

- Active Directoryドメインサービス（AD DS）
- Active Directoryライトウェイトディレクトリサービス（AD LDS）
- Active Directory証明書サービス（AD CS）
- Active Directoryライツマネジメントサービス（AD RMS）
- Active Directoryフェデレーションサービス（AD FS）

こうした変化が必要になった理由には、「認証サーバー」としての市場のニーズが変化しつつあったという背景があります。2000年当時、多くの企業にとって「認証」とは「ユーザー認証」を意味していました。そのような中、MicrosoftはKerberosというMIT（マサチューセッツ工科大学）が開発したネットワーク認証プロトコルを採用し、「ドメインに参加する」という概念を企業のITに導入しました。「ドメインに参加する」とは、「コンピューターとドメインコントローラー間の信頼関係を構築する」と言い換えることができます。コンピューターに「アカウント」というオブジェクトを割り当て、コンピューターアカウント自身をActive Directoryドメインで認証できるようにしたのです。これにより、利用者はドメインに認可さ

※18 この機能を使用するには、Azure AD B2CテナントをAzureサブスクリプションと関連付けておく必要があります。

れたコンピューター上で安全にユーザー認証ができるようになりました。これはまさに多要素認証の一種であると言えます。当初はこうした思想が理解されず、「LDAPの亜種」「業界標準ではない」などの批判を受けながらも、当初からの安全性に関する設計思想は今日まで18年間、陳腐化することなく使われ続けています。

　そんな先端のテクノロジを実装したActive Directoryにも、将来を見据え若干の方向転換を強いられる時期が訪れました。それが、企業によるインターネットの利用拡大です。Windows Server 2003 R2がリリースされた2005年当時、まだ企業がインターネット上のサービスを企業アプリケーションとして正式に採用するという文化は浸透していませんでしたが、それは時間の問題であるとMicrosoftは考えました。少なくとも、インターネットを経由した企業間連携は近い将来必須になるだろうと予測していたのです。これまでファイアウォールの内側だけをしっかり守っていればよかったITは、今後さまざまな側面で企業ネットワークの外部との連携も考慮しなければならなくなったのです。そのため、Microsoftは「Active Directoryユーザーを中心としたネットワークの安全性」を再定義する必要がありました。その取り組みの1つとしてWindows Server 2003 R2で実装されたのが、Active Directoryフェデレーションサービス（AD FS）とWindowsライツマネジメントサービス（RMS）です。AD FSについては「5.3.7　Active Directory（企業内アイデンティティ）とのフェデレーション」で述べたとおりです。Windows RMSは電子メールや添付ファイルのアクセス権を制御するものです。これにより、送信した電子メールの転送や印刷を制限したり、その添付ファイルにも同様の権限を強制することができるようになりました。

　この当時、すでに証明書サービスやLDAPサービス（ADAM：Active Directory Application Mode）も実装されていましたが、これらが明確にActive Directoryブランドとして再定義されたのがWindows Server 2008のリリース時です。これは「Active Directoryドメインユーザーを中心としてネットワーク上のすべてのリソースのアクセスを制御できるようにする」というMicrosoftの明確な意思の表れであり、現在の「People-Centric IT」という思想のベースになるものです。このブランディングの変更により、Active Directoryは単なる認証サーバーから脱却し「アイデンティティプロバイダー（IdP）」としての立ち位置を明確にしたのです。

　People-Centric ITでのキーコンポーネントはAD DS、つまり従来より使用されてきたActive Directoryドメインです。ユーザーやコンピューター、その他リソースの管理には、従来どおりの手法を継承できることを意味しています。Active Directoryドメインは、ドメインコントローラーという特殊で高機能なサービスによって管理されています。ドメインコントローラーの特徴は「マルチマスター」であるという点です。古くからのエンジニアならご存じのとおり、Windows NT時代、ドメインコントローラーにはプライマリ（PDC）とバックアップ（BDC）が存在していました。そのため、PDCが何らかの理由でダウンした場合、ドメインコントローラー内の情報を更新することができずパスワードの変更が反映されないなどの問題が発生しました。Active Directoryドメインではそうした問題は解消されています。当初問題となっていた認証時の負荷問題や複製の性能なども、現在では問題になることはありません。

　こうしたテクノロジの進化と、導入現場への運用ノウハウの浸透により、Azure ADが登場した現在であっても多くの企業がActive Directoryドメインを使い続けたいと考えています。そのため、下記のような疑問が出てくるのも無理はないでしょう。

「Active DirectoryドメインをAzure ADに移行することはできないのか？」

現在使用しているドメインコントローラーの利便性、管理性そして運用はそのままに、ドメインコントローラーをクラウドに移行してハードウェアを含めた管理コストを低減することはできないか、そう考えるのは当然の流れでしょう。企業内の多くのサービスがSaaSをはじめとするクラウドへの移行が可能になりつつある中、はたしてドメインコントローラーはクラウドに移行することができるのでしょうか。本書の執筆時点（2018年10月）における回答は、「不可能ではないが考慮すべき事項が存在する」です。この点を少し詳しく解説しておきましょう。

本章の冒頭でも述べましたが、Azure ADとAD DSは技術的にはまったく異なるサービスです。Azure ADはKerberosやNTLM、LDAPといった、オンプレミスで一般的に使用されているプロトコルをサポートしていません。そのため、Active Directoryドメインに参加しているファイルサーバーやデータベースサーバー、そして業務サーバーなどでは、Azure ADを認証基盤としてそのまま使用することはできません。また、Azure ADがグループポリシーをサポートしていないことも重要な考慮ポイントでしょう。こうした点を踏まえ、ドメインコントローラーのクラウドへの移行パターンは、大きく分けて下記の3種類が考えられます。

① Azure ADに移行
② ドメインコントローラーをIaaS上に移行
③ Azure AD Domain Servicesを導入

①はすでに触れたとおりです。オンプレミスの各種リソースをAzure ADがサポートしている各種プロトコルに対応させない限り、完全な移行は難しいでしょう。ファイルサーバーであれば、OneDrive for BusinessやDropboxなどのクラウド上のストレージサービスに移行するという手もあります。これらのストレージサービスはAzure ADを認証サーバーとして使用することが可能です。また、Azure SQL Database（Azureのデータベースサービス）もAzure ADによる認証をサポートしています。つまり、そのまま移行するのではなく、リソースの移行先を考慮すれば、Azure ADへの移行はありえないストーリーではありません。

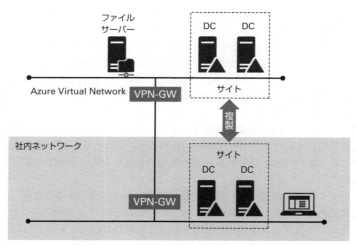

図5-32　IaaS上のドメインコントローラー（DC）の構成イメージ

②はイメージしやすいでしょう。IaaS上へのドメインコントローラーの移行は完全にサポートされているパスであり、すでに多くの企業が採用している構成パターンです。オンプレミスのネットワークとAzure Virtual NetworkをVPNで接続することで、オンプレミス側Active DirectoryのバックアップとしてIaaS上のActive Directoryを使用することもできます。

IaaS上のドメインコントローラー（DC on IaaS）を手軽に導入できるソリューションとして用意されているのが、③の**Azure AD Domain Services**です。Azure AD Domain Servicesは、Azure ADに登録されているユーザーIDやグループをマスターとして、新しいActive DirectoryドメインをAzure Virtual Networkに展開するサービスです。したがって、Azure ADが事前に構成されていることが前提となります。

図5-33 Azure AD Domain Servicesの構成イメージ

Azure AD Domain Servicesは、オンプレミスADと完全に互換性のある管理されたドメインサービスであり、ドメイン参加、グループポリシー、LDAP、Kerberos/NTLM認証などをサポートしています。構成も非常に簡単で、Azureポータル上で機能を有効にするだけですから、IaaS上で自身の手でドメインコントローラーの展開や管理、および修正プログラムの適用などを行う必要はありません。すでに述べたとおり、Azure AD Domain Servicesは既存のAzure ADテナントからユーザーIDやパスワードなどを複製するため、既存のグループおよびユーザーアカウントを使用してリソースへのアクセスをセキュリティで保護することができます。ただし、作成されたActive Directoryドメインは新規ドメインとなるため、既存のオンプレミスのActive Directoryドメインに参加しているリソースは、新たに作成したActive Directoryドメインに移行する必要があります。

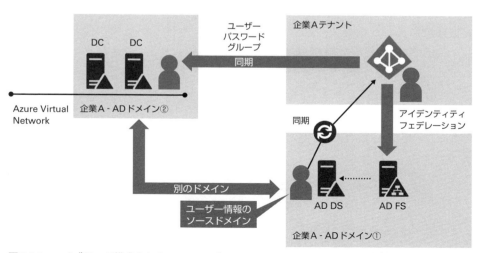

図5-34 ハイブリッド構成されたAzure ADとAzure AD Domain Servicesの関係

このようなことから、Azure AD Domain Servicesは、既存のドメインコントローラーの移行先として考えるには現時点では現実的ではないと言えます。まだドメインコントローラーを使用していないLinuxユーザーが、既存のシステムをIaaS上に移行する際、Azure ADに管理されている資格情報を活用できるようにするといったシナリオが最適であると言えます。

第6章
地上に広がるハイブリッドクラウド ～ Azure Stack

　本章では、マイクロソフトのユニークな戦略の1つ、パブリッククラウドAzureの機能を企業の自社データセンターでも利用可能にするMicrosoft Azure Stack（以降Azure Stack）を紹介します。

6.1 AzureとAzure Stack

　本節では、Azure Stackが市場に投入された理由と、一般的なプライベートクラウドソリューションとの立ち位置の違いについて説明します。

6.1.1 クラウドの良さと現実とのギャップ

　企業が厳しい競争を勝ち抜くために新しいITを選択しようとしたとき、システム稼働までの圧倒的なスピード、大量リソースの短期的かつ迅速な手配、IoTやビッグデータ、機械学習といったこれまで敷居の高かったシステムの容易な導入など、さまざまな理由からクラウドが有力な選択肢となりました。ITとビジネスの間に新しい関係が生まれてきているとも言えるほどです。

　ただ、クラウドの時代が来たと言っても、多くの企業の社内やデータセンターには、多くのシステムが残っています。その中にはクラウド化できるものばかりではなく、業種・業務の制約もあれば、インターネットに安定してつながらない環境や遅延が許されないシステムもあります。また、クラウドを使っている企業でも、研究開発だけは徹底して社内に閉じて行いたいという会社もあります。この現実を前に、それらの環境をクラウド化の議論から切り離し、従来どおりの仮想化基盤などでカバーすることが正しい道なのか、あらためて議論をするべき時が来ています。

　そこでMicrosoftは、企業が先述のような制約に縛られずにクラウドの良さを享受できるよう、パブリッククラウドAzureと対をなすAzure Stackを市場に投入しました。Azure Stackの登場により、クラウドを最初から否定したり、クラウド化を無理やりゴールにしたりする

のではなく、クラウドのメリットを最大限活用しながら、適材適所でシステムやアプリケーションを配置できる新しい「ハイブリッドクラウド」が誕生したわけです。

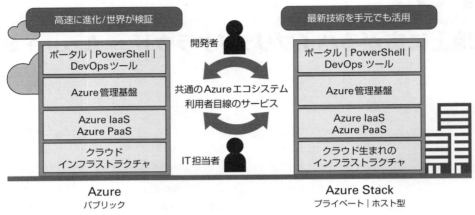

図6-1　AzureとAzure Stackによるハイブリッドクラウド

6.1.2　Azure Stackの立ち位置

　Azure Stackの立ち位置について、従来のITとの違いを明確にしておきましょう。次の図を見てください。

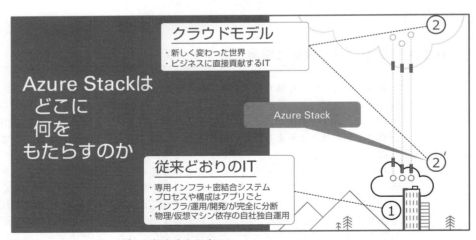

図6-2　Azure Stackはどこに何をもたらすのか

　従来どおりのITを①、パブリッククラウドの世界観やスピード感、ITとビジネスの距離を②としたとき、Azure Stackはパブリッククラウド Azureのメリットをオンプレミスに持ち込むことができる基盤②′の部分を担います。これまで①が企業を支えてきたことは間違いあ

りませんが、これまで行ってきたことを前提に考えているようでは、イノベーションもデジタルトランスフォーメーションも難しいでしょう。そこでAzure Stackは、セルフサービスや従量課金、仮想マシンに依存せずに迅速に高度なシステムが構築できるPaaS、Infrastructure as CodeやDevOpsを容易に実現できる基盤など、多くの企業が気づきつつあるパブリッククラウド②のメリットを、場所を選ばずどこでも実現できる仕組みとして提供されるのです。

6.1.3 今後の「ハイブリッドクラウド」の課題を先に解決

マイクロソフトはAzure Stackを単なるプライベートクラウドとしてではなく、Azureとのハイブリッドで利用することでメリットを最大化できると考えています。それは、AzureファーストなAzure Stackの導入によって、これから顕著化するハイブリッドクラウドの課題に先回りして対応するためでもあります。

ハイブリッドクラウドの課題	Azure & Azure Stack
バラバラなツール	ツールを統一
バラバラなスキル	スキルも統一
バラバラなコードとアプリと展開	シングルコード、マルチデプロイ
バラバラな運用と個別最適	シンプルな運用と均一なプロセス
バラバラに進化	Azureファーストで進化
ベンダーごとのバラバラな管理	ベンダーとの連携も均一化
トータルコスト大	トータルコスト小

図6-3　ハイブリッドクラウドの課題とAzure & Azure Stackのメリット

今後、企業のITが自然に足を踏み入れる「ハイブリッドクラウド」には課題があると言われています。それは、オンプレミスに残るシステム用のツールやノウハウ、パブリッククラウドを使うために必要となる新しいツールやノウハウ、統一できない社内プロセス、そして片方にしか対応しきれないアプリケーションの存在などが、ハイブリッド化によってこれまで以上に運用負荷を上げてしまう可能性を持っているということです。

しかし、AzureとAzure Stackの組み合わせならば、同じAPI、同じツール、同じスキルで使いこなすことができます。IaaSならシステムテンプレートをハイブリッドで共有できますし、PaaSならば同じアプリケーションのコードをシステム要件に合わせてどちらにも展開することができます。両方とも同じAPIやスクリプトが使えるので、1つのスキルとツールやスクリプトでハイブリッドクラウドの運用を効率化することもできます。このように、Azure Stackはハイブリッドクラウドの課題に先回りして、すでに解決策を提示し始めているのです。

さらに、パブリッククラウド活用のノウハウはさまざまなエンジニアによってインターネット上に公開されています。Azureが新しい機能を提供すれば、間もなく新しい情報が世界中で投稿され、共有されます。Azureと一貫性を持つAzure Stackならば、世界中のエンジニアが持つ最新・最先端のノウハウを自社に持ち込むこともできるようになります。

6.2 Azure Stackが提供するサービス

本節では、Azure Stackの機能や、Azure Marketplaceとの連携について説明します。

6.2.1 Azure Stackには管理者が必要

まず、Azure Stackのポータル画面を見てみましょう。

図6-4　Azure StackとAzureポータルの比較

　左がAzure Stack、右が第5章まで解説のあったパブリッククラウドAzureのポータルです。Azure StackがAzureから生まれたものであるというのがよくわかりますし、これからのハイブリッドクラウドの1つの形をイメージできるのではないでしょうか。

　さて、このAzure Stackですが、自社内に展開できるというメリットと引き換えにAzure Stackという基盤の管理が必要です。そのため、Azure Stackには管理者用と利用者（テナント）用の2種類のポータルが用意されています。AzureやAzure Stackは、多くの作業をコマンドやスクリプト、APIを使って実現できるため、ポータルにこだわる必要はありませんが、Azure Stackという基盤のアラートやキャパシティ管理、更新管理、そしてMarketplaceの管理など、Azure Stackが持つ管理者向けの機能の存在をポータルから学ぶこともできます。

Azure Stackのポータルの種類

Azure Stackの開発初期段階に公開されたTechnical Preview（ベータ相当のモジュール）のポータルは、管理者と利用者で分かれておらず1種類しかありませんでした。しかし、開発が進む中で、セキュリティ面も含め、一般に公開する必要のない管理者用のポータルと、公開を前提として多くの利用者に使ってもらう利用者用のポータルの分離が決定し、現在は2種類のポータルが提供されています。

6.2.2　Azure Stack IaaS

　Azure Stackは徹底してAzureとの整合性を考えて作られています。例えば、仮想マシンの作成画面もAzureと同じで、Azureでおなじみの A、D、Dv2 シリーズのインスタンスサイズのリストから仮想マシンを作成することになります。

図6-5　Azure Stackで仮想マシンを作っているところ

　また、Azure Stackではストレージがサービス化され、Blobやキー/バリュー型のTable、Queueの機能などが提供されます。さらに、Azureそっくりなネットワークサービスも利用できます。オーバーレイ技術を使った仮想ネットワークの実現、システムの条件に応じたサブネット設計、ソフトウェアベースのロードバランサー、そしてネットワークへのアクセス制御なども可能です。

図6-6　Azure Stackのストレージサービス

このように、Azureとの整合性を徹底することで、Azureと同じ設計のままオンプレミスにシステムを構築したり、Azure用に作ったスクリプトを流用したりすることができます。さらに、ネットワークやストレージ以外にも従来の仮想化とは異なるサービスも提供されています。

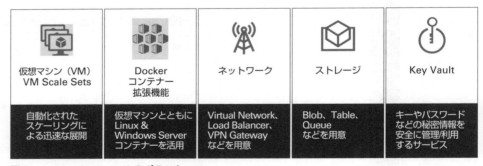

図6-7　Azure Stack IaaSのポテンシャル

例えば、同じ仮想マシンを大量に複製してシステムを拡張したり条件に応じて縮小したりできるVM Scale Sets、仮想マシンをあまり意識せずにシンプルなコンテナー環境を展開できる仮想マシンのDockerコンテナー拡張機能も提供されます。キーやパスワードなどの機密情報を安全に管理/利用できるAzure Key Vaultサービスは、これから社内でも重要な役割を担うかもしれません。

通常、オンプレミスにクラウドを作る際には、仮想化基盤やSoftware Defined Storage（SDS）、Software Defined Network（SDN）などの最新技術を駆使しながら、スキルの高いアーキテクトとエンジニアがシステムを組み上げていきますが、Azure StackはSDSやSDNを包含しているので、それらを個別に調達したり設計/設定したりする必要はありません。

6.2.3　Azure Stack PaaS

ビジネスを支えるITにスピードをもたらしたいと考えるならば、IaaS以上にPaaSの活用をお勧めします。そして、Azure Stackを導入することで、社内でもPaaSを利用可能になります。

図6-8　Azure Stack PaaSの全体像

例えば、開発したWebアプリケーションを容易に展開/運用可能なWeb Apps、サーバーレスアーキテクチャを支えるAzure Functionsなどがあります。開発者やシステム担当者は、仮想マシンを作ったり設定をしたりする手間から解放され、開発したアプリケーションをPaaS上に直接展開、利用することも可能です。もちろん、Azure同様OSS系の技術をサポートしており、例えばWeb Appsの場合、.NETだけでなく、PHP、Python、Node.js、Javaなどにも対応しています。

また、アプリケーションアーキテクチャとして注目が集まるマイクロサービスにはAzure Service Fabricが、OSS中心に活用が進むコンテナにはAzure Stack上のKubernetesクラスターが対応します。Microsoft製品についても、WindowsやWindows Server、SQL Serverなどのコンテナ対応が進んでおり、Azure Stackがそれらを受け止める新しいインフラとして存在感を示していくことでしょう。そして、Azure Stack用にKubernetesクラスターやAzure Service Fabricサービスの準備をしている間にも、Pivotal Cloud Foundryやブロックチェーンの環境を簡単に作れるテンプレートが公開されていく予定です。

6.2.4　Azure Stack MarketplaceとAzure IoT Edge

Azure Stackが持つポテンシャルは、Azure Stackが提供するIaaSやPaaSだけでは語れません。なぜならAzure StackはMarketplaceを持っているからです。管理者が用意したアプリケーション環境をMarketplaceに展開しておき、利用者は好きなときに環境を作って利用することができます。また、パブリッククラウドAzureのMarketplaceから、Azure Stackに対応しているアプリケーション環境をダウンロードして利用することも可能です。すでにWindows Server 2012 R2やWindows Server 2016、SQL Serverなどはこの形で提供可能となっており、管理者がわざわざテンプレートを用意する必要がありません。

図6-9　Azure Stack Marketplace Managementの画面（「Add from Azure」という文字も見える）

　上図はAzure Stackの管理画面上でAzure Marketplaceのアプリケーションをリスト化しているところで、管理者はダウンロードボタンを押すだけでAzure Stack Marketplaceにアプリケーション環境を持ってくることができます。

　さらに、Microsoftは「クラウドファースト – モバイルファースト」を進化させた「インテリジェントクラウド – インテリジェントエッジ」という戦略を発表しました。この発表とともに提供を約束したAzure IoT Edgeによって、利用者に近いところでAzure Stream AnalyticsやAzure Machine Learning、Azure Cognitive Servicesを動かすことができるようになります。そして、これらを展開する基盤としてAzure Stackは最適だと言えます。なぜなら、Azure IoT Edgeはコンテナーによる展開が容易なのでAzure Stackが提供するKubernetesクラスターが基盤になりますし、Azure IoT Edgeで処理をするデータの置き場所として、Azure StackならばAzureと同じBlobやキー/バリュー型のストレージサービスが使えるからです。

6.3　Azure Stackの提供形態

　本節では、Azure Stackの提供形態や拡張性、利用料の課金について解説します。

6.3.1　統合システム

　Azure Stackの導入を検討する企業は、Azure Stackの購入形態についても理解しておく必要があります。Azure Stackは、ソフトウェア単体で提供されず、Azure Stack統合システムとして認定されたハードウェアとともに提供されることになりました。

　その理由はいくつかありますが、1つはAzure Stackを利用するまでのスピードにあります。ご存知のとおり、一般的なオンプレミスの基盤製品は検討を開始してから実際に利用するまでに多くの時間と労力を必要とします。一方、パブリッククラウドAzureは契約をするとすぐに使える状態になっています。Azure Stackは、統合システムという形態をとることで、このギャップを小さくします。Azure Stackマシンが届き、電源とネットワークをつな

ぎ、初期セットアップをするだけですぐに利用できることの重要さを理解してください。

また、Azure Stackは導入したら終わりではありません。Azureが進化すればAzure Stackも進化しますし、利用できるPaaSが増えていくことも考えられます。ハードウェアソリューションでもあるので、ドライバーやファームウェアのアップデートもあるでしょうし、OSやAzure Stackソフトウェアのアップデートもあるでしょう。これらを一括して管理し、確実に動く状態を作り、確実にアップデートをするために、統合システムという形態が重要な役割を担うことになります。

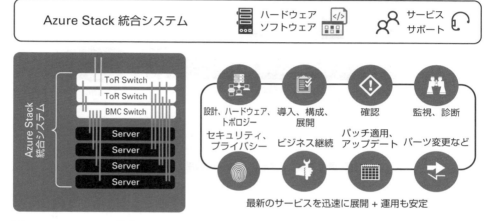

図6-10　Azure Stack統合システム

この統合システムは、Dell EMC、HPE、Lenovo、Cisco、Huaweiなどから購入可能です。また、Avanadeも統合システムベンダーとして名乗りを上げました。もちろん、この6社のみに限定されているわけではありません。Azure Stack統合システムを提供するための準備や交渉を行っている企業もあるので、今後のハードウェアベンダーの動きにも注目してください。

6.3.2 オンプレミスでも従量課金

Azure Stackは統合システムなので、認定ハードウェアベンダーがいなければ購入はできません。しかし、Azure Stack統合システムを購入する際にも、ソフトウェアやAzure Stack上で動かすシステムに対する料金の支払い方法については、ハードウェアとは切り離して検討をしておく必要があります。なぜなら、Azure Stackにはいくつかの購入形態が用意されているからです。

その1つが従量課金です。Azure Stackは、オンプレミスにも展開できるシステムでありながら、使った分だけ支払う従量課金での支払いが可能になっています。この場合、Azure Stackというソフトウェアの料金は基本ゼロで、仮想マシンやストレージ、PaaSといったAzure Stack上で動かすシステム分を利用状況に応じて支払うことになります。そして、この従量課金モデルの場合、Azure Stackに貯められたユーザーの利用状況のデータはパブリッ

ククラウドのAzure側に送られ、AzureとAzure Stackの請求が一元的に行われるようになります。

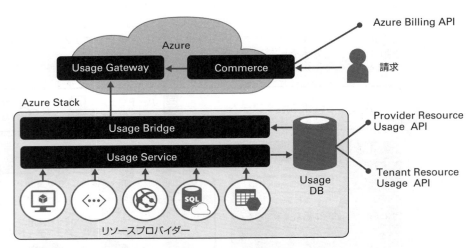

図6-11　従量課金の場合、Azure Stackの利用データはAzureに送られる

　この場合、Azure Stack利用分はAzureと同様にエンタープライズ契約（EA）やクラウドソリューションプロバイダー（CSP）から調達できます。Windows Server利用料が含まれた価格も定義されているので、別途サーバーOSやCALを調達する手間を省くことも可能です。

　もちろん、Azure Stackはインターネットに接続できない環境での利用も考慮されています。この場合はAzureと連動した従量課金ができないため、EAでの年間サブスクリプションという形でAzure Stack利用料を支払うことになります。また、この場合はAzure Stack上で稼働させるWindows ServerなどはBYOL（ライセンス持ち込み）として、別途調達したライセンスをAzure Stack上に持ち込む形となります。

　このように、従量課金か年額の固定料金か、EAかCSPか、ハードウェアベンダーはどこで、Azure Stackソフトウェア分はどのベンダーと契約するかなど、Azure Stackを使う上で重要な選択がいくつかあることも覚えておくとよいでしょう。

6.3.3 Azure Stack の最小構成と拡張性

Azure Stackの拡張性について触れておきましょう。下図を見てください。

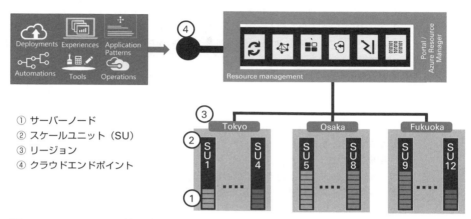

① サーバーノード
② スケールユニット（SU）
③ リージョン
④ クラウドエンドポイント

図6-12 Azure Stackの拡張性

　Azure Stackは、「①サーバーノード」4台から構築可能です。この4ノードが、冗長化されたRDMA（Remote Direct Memory Access）対応のNICとスイッチによって接続され、1つの「②スケールユニット」を構成します。この最小ハードウェア構成にAzure Stackをセットアップすると、「③リージョン」が1つでき、「④クラウドエンドポイント」が構成され、利用者はポータルやAPIを利用可能になります。

　一般提供（GA）の時点では、スケールユニットは1つ、ノード数は12まで、ノードの追加も不可という状況ではありますが、それでも、購入するハードウェアスペック次第では数百台の仮想マシンを動かせる可能性があります。また、GA後の更新によって、スケールユニット内のノード数が16まで増え、ノードの追加が可能となり、複数のスケールユニットや複数のリージョンによる巨大なAzure Stackシステムを構築することもできるようになります。

　ちなみに、クラウドの影響もあってハードウェアの進化や変化も激しさを増していますし、すでにAzure Stack絡みでも新しいCPUやストレージへの対応の話が出てきています。それらがAzure Stackに対応するにはマイクロソフトとハードウェアベンダー各社の協業が必要ですが、今後もさまざまなハードウェアがAzure Stackに対応していくことでしょう。ただ、Azure Stack対応が表明されたハードウェアであっても、1つのスケールユニット内のサーバーノードは同じ構成であることが条件となります。これは、ハードウェアのファームウェアやドライバー、Azure Stack関連ソフトウェアの更新を確実に行うための要件でもありますので注意してください。もちろん、構成が違う場合でも、スケールユニットを分けることでAzure Stackシステムに追加することが可能になっています。

6.3.4 ２段階に分かれた運用管理

「クラウドは運用が要らない」という考えが間違いであることは、すでに多くの方が知るところでしょう。クラウドの場合、クラウド事業者はクラウドサービス側の責任を、利用者はクラウド上に展開したシステムへの運用管理責任を持つことになっています。それでは、Azure Stackではどうでしょうか。実は、Azure Stackも基本的に同じ考え方を持っており、Azure Stackという基盤の運用管理者と、その上で動くシステムの運用管理者を分けて考える必要があります。

具体的には、Azure Stackの管理者はAzure Stackが正常に稼働することに責任を持ち、バックアップを行い、稼働監視をし、基盤側に不具合があれば対応をすることになります。Azure StackはAzureとともに進化するため、更新のタイミングを考えるのも管理者の仕事です。また、有限のAzure Stackリソースをうまく活用するために、キャパシティ管理も重要な役割となります。

稼働監視は、サーバーノードやネットワークスイッチといった物理デバイスの監視に加えて、Azure Stackの監視を行います。Azure Stackは正常性監視の仕組みを持っているので、ポータルで定期的にチェックしたり、API経由で収集した情報をもとに既存の監視システムと連動させたりすることになるでしょう。Azure Stackシステムの監視用に、System Center Operations Managerの管理パックやNagiosプラグインがすでに公開されています。

図6-13　Azure Stack管理者によるキャパシティ管理

そして、Azure Stackの利用者は、Azure Stack上で動作する自分のシステムの運用管理の責任を持ちます。例えば仮想マシンの更新プログラムの管理、セキュリティの管理、データ保護などです。これらは、システムのアーキテクチャや使っている製品によっても対処方法は変わるので、当然と言えるでしょう。仮想マシンについては、Microsoftが提供するAzure BackupサービスやAzure Site Recovery（災害復旧）サービスが対応を表明済みであり、今後も各社が持つ運用管理・稼働監視製品のAzure Stack対応は進んでいくことが予想されますが、ストレージサービスやPaaSについてはサービスに合った運用が必要になります。

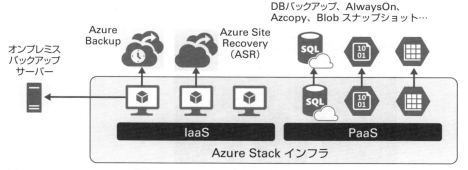

図6-14　Azure Stack上で稼働するシステムのデータ保護や運用の一例

6.4 | Azure Resource Managerという管理基盤の共通化

本節では、Azureとの共通管理基盤Azure Resource ManagerがAzure Stackにもたらす価値とその利用パターンについて説明します。

6.4.1 | Azure StackのAzure Resource Manager

Azure StackがAPIやコマンドまで含めてAzureと共通である理由について触れておきましょう。第2章で解説があったとおり、AzureはAzure Resource Manager（ARM）という管理基盤を持っており、各種リソースのグループ化やロールベースのアクセス制御、さらにはInfrastructure as Codeやテンプレート化の実現など、重要な役割を担っています。そして、Azure StackもARMを管理基盤として採用することで、パブリッククラウドであるAzureとの管理の一貫性を実現しています。この一貫性は、APIのレベルで共通化されているので、Azureを意識して作られた多くのツールやアプリケーションとの整合性も担保されるわけです。

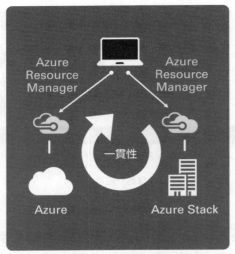

図6-15 AzureとAzure Stackの管理が一貫性を持つ理由

6.4.2 Azure Stack版 Infrastructure as Code

　一般的に、何かしらのツールを導入しただけでは、企業内の自動化や効率化は進みません。それは、これまで行ってきたことを正とし、出来上がっているプロセスを変えようとせず、従来どおりのプロセスにITを合わせようとするからです。けれども、パブリッククラウドの台頭により、そのプロセスにメスが入り始めています。目の前には、パブリッククラウドという自動化のお手本のようなものがあるため、これまでやってきたツールやプロセスの踏襲を効率的だとは言えなくなってきているのです。Azure Stackは、ARMというAzureと共通の管理基盤を持つため、パブリッククラウドであるAzureの世界中の利用者が進めているテンプレート化や自動化を、社内に持ち込むことができます。また、GitHubにはすでにAzure Stack用のARMテンプレート集[1]が共有されているので、一からスクリプトを書いたり、テンプレート用のコードを書いたりする必要がありません。WindowsやLinuxを問わず、自動で環境を構築できるサンプルや、Azure StackにExchangeやSharePoint、SQL Serverなどの自動展開のための設定サンプルも用意されているので、うまく活用してください。

---

[1] Microsoft Azure Stack Quickstart Templates
https://github.com/Azure/AzureStack-QuickStart-Templates

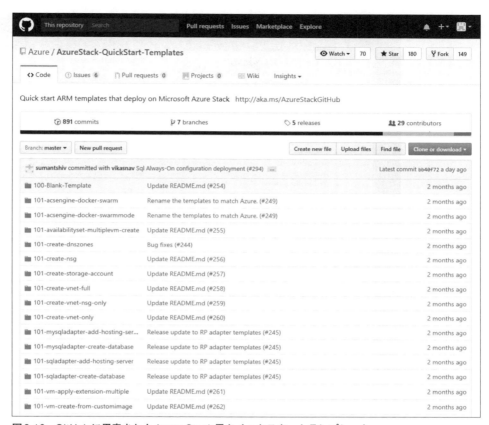

図6-16　GitHubに用意されたAzure Stack用クイックスタートテンプレート

　また、ARMの採用はAzureとのAPIの共通化の役割も果たしてくれるため、開発ツールである Visual Studioやクラウド型のチーム開発支援サービスAzure DevOpsとの連携なども利用すれば、開発環境の整備、カンバンなどによる開発プロジェクトの管理、開発の効率化やDevOpsの推進にも役立つはずです。「Write Once, Deploy Anywhere（1つのアプリケーションやコンテナー、コードテンプレートなどを、どこにでも簡単に展開できる環境）」を早く実現したいものです。

　また、Azure Stackにも展開済みのシステムをコードとして閲覧するリソースエクスプローラーの機能が用意されています。AzureとAzure StackとInfrastructure as Codeは切っても切り離せない関係にあると言ってよいでしょう。

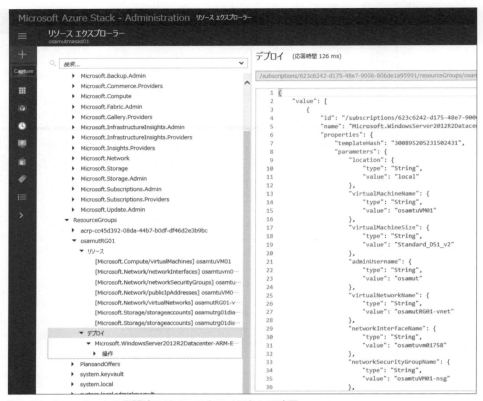

図6-17　Azure Stackの展開済みリソースをコードとして確認

6.5 最後に

　Azure Stackは進化し続けます。Azure Stackも、Azureと同様に常に最新の動向をチェックして、提供される機能を有効活用するためのタイミングなどを検討してみてください。

　なお、Azure Stackの情報もまた、Azureとともにあります。Azure Stackの情報が必要なときは、Azureのサイトにアクセスしてみてください。また、Azure Stackの価格についてもAzureの価格のページからたどることができます。

第6章 地上に広がるハイブリッドクラウド 〜 Azure Stack

図6-18 Azureの情報サイトにあるAzure Stack情報

　そして、Azure Stackと効率的に向き合うためには、1人で検証を進めるだけでなく、すでに検証をしているエンジニアの声やAzure Stack利用者から出てくるTips、Azure Stackのベースとなっている Windows Server系技術者の深い知識に触れることも重要です。Facebookに立ち上がっているMAS研（Microsoft Azure Stack研究会）[※2]は、情報共有を進めるための味方となってくれることでしょう。地上に広がる（Azure Stackを含む）Azureエコシステムを、ビジネスに上手に活用してください。

※2　Facebook 公開グループ「MAS研（Microsoft Azure Stack研究会）」
https://www.facebook.com/groups/masken2/

索引

■記号・数字

-secondary 37
.core.windows.net 36
@AzureSupportアカウント 21
2クラス分類（Two-Class Classification） 110

■A

access_token 203, 204
ACS-Engine 66
Active Directory 183, 208, 220
Active Directory Authentication Library（ADAL） 204
Active Directoryドメインサービス（AD DS） ... 208, 220
Active Directoryドメイン間の信頼関係 210
Active Directoryフェデレーションサービス（AD FS）
.... 208, 220, 221
Active Directoryライツマネジメントサービス（AD RMS）
.... 220
Active Directoryライトウェイトディレクトリサービス
（AD LDS） 220
Active Directory証明書サービス（AD CS） 220
AD FS Proxy 208
ADAM（Active Directory Application Mode） 221
Apache Ambari 100
Apache TinkerPop 134
API（Application Programming Interface） 52
API Apps 152
App Service Environment（ASE） 153
App Serviceプラン 152, 165
ASP.NET Webアプリケーションの
　IDフェデレーション設定 194
AZ（Availability Zone） 6, 36
Azure 1
Azure Active Directory（Azure AD）
.... 9, 183, 156, 184, 186, 222
Azure Active Directory B2B（Azure AD B2B） ... 210, 213
Azure Active Directory B2C（Azure AD B2C）
.... 9, 156, 214
Azure Active Directory Domain Services
（Azure AD Domain Services） 184, 223
Azure Active Directory Graph Client Library 189
Azure Active Directory PowerShellモジュール 188
Azure Active Directory v2.0エンドポイント 205

Azure AD Connect 208, 214
Azure AD Graph 189, 201
Azure AD Identity Protection 197
Azure AD Premium 196
Azure AD Premium P2 197
Azure ADのログイン画面 192
Azure App Service 8, 66, 149, 150
Azure Application Gateway 8, 34
Azure Application Insights 176, 182
Azure Artifacts 171
Azure Automation 54
Azure Billing API 18
Azure Blob Storage 95, 101, 106, 107
Azure Boards 171
Azure CLI 54, 55
Azure Cloud Services 151
Azure Cognitive Services 8, 120
Azure Container Instances 8, 67, 120
Azure Cosmos DB 37, 107, 108, 131, 135
Azure Cosmos DBアカウント 135
Azure Cosmos DBを無料で試す 140
Azure Data Factory 85
Azure Data Studio 77
Azure Database for MySQL 128
Azure Database for PostgreSQL 128
Azure Database Migration Service 81
Azure Databricks 8, 87, 88, 107
Azure Databricksポータル 92
Azure Databricksワークスペース 90, 92
Azure DDoS Protection Basic 34
Azure DDoS Protection Standard 34
Azure DevOps 171
Azure DevOps Projects 171
Azure DevOps Projectsダッシュボード 175
Azure DNS 35
Azure Event Hubs 101, 107
Azure Express Route 30
Azure Functions 8, 149, 152, 154, 159
Azure HDInsight 8, 87, 88, 90, 98, 107
Azure HDInsightクラスター 98
Azure IoT Central 142
Azure IoT Edge 120, 141, 148, 232
Azure IoT Hub 141, 147

Azure IoT ソリューションアクセラレータ ……… 142, 143
Azure Kubernetes Service（AKS）……………… 8, 66, 120
Azure Load Balancer ………………………………… 8, 34, 68
Azure Logic Apps ……………………………………………… 156
Azure Machine Learning …………………………… 8, 87, 108
Azure Machine Learning Studio ………… 108, 110, 113
Azure Machine Learning Studio ワークスペース ……… 113
Azure Machine Learning サービス ……………… 108, 119
Azure Marketplace ……………………………………………… 63
Azure Metadata Service …………………………………… 44
Azure Pipelines ………………………………… 171, 176, 179
Azure PowerShell ……………………………………………… 53
Azure Queue Storage ……………………………………… 168
Azure Repos ……………………………………………… 171, 176
Azure Resource Manager（ARM）………………… 24, 237
Azure Resource Manager Tools …………………………… 61
Azure Resource Manager テンプレートデプロイ ……… 55
Azure Service Fabric ……………………………………… 67, 128
Azure Service Manager（ASM）………………………… 24
Azure SQL Data Warehouse ………… 8, 81, 107, 108, 135
Azure SQL Database ………… 8, 71, 82, 107, 130, 135, 222
Azure Stack ………………………………………………… 9, 225
Azure Stack IaaS ……………………………………………… 229
Azure Stack Marketplace …………………………………… 231
Azure Stack PaaS ……………………………………………… 231
Azure Stack のポータル画面 …………………………… 228
Azure Stack の拡張性 …………………………………… 235
Azure Storage ………………………………………… 8, 35, 135
Azure Stream Analytics …………………………… 8, 87, 101, 103
Azure Test Plans ……………………………………………… 171
Azure Traffic Manager ………………………………… 35, 68
Azure Virtual Machine Scale Sets ……………………… 65
Azure Virtual Machines ……………………… 8, 17, 39, 65
Azure Virtual Network ……………………………………… 8, 28
Azure アプリケーションの10の設計原則 ……………… 68
Azure インオープンプラン …………………………………… 16
Azure コミュニティサポート ……………………………… 21
Azure サポート ………………………………………………… 20
Azure ハイブリッド特典 …………………………………… 4, 73
Azure ポータル ……………………………… 16, 24, 52, 75, 186
Azure 無料アカウント ……………………………………… 12

B

BCP（Business Continuity Plan）…………………………… 5
bcp（コマンドラインツール）……………………………… 85
Bing Autosuggest …………………………………………… 126
Bing Custom Search ……………………………………… 127
Bing Entity Search ………………………………………… 127
Bing Image Search ………………………………………… 126
Bing News Search ………………………………………… 126
Bing Spell Check …………………………………………… 124
Bing Video Search ………………………………………… 126
Bing Visual Search ………………………………………… 126
Bing Web Search …………………………………………… 126
Blob …………………………………………………………………… 37
Blob ストレージ ………………………………………………… 36
BYOL（ライセンス持ち込み）………………………… 65, 234

C

Cassandra API ………………………………………………… 132
CDN（Content Delivery Network）……………………… 34
cDWU（コンピューティングDWU）……………………… 83
Chaos Engineering …………………………………………… 68
CI（継続的インテグレーション）………………………… 53
CI/CD（継続的インテグレーション/デリバリー）……… 155
CI/CD パイプライン …………………………………… 172, 179
CLI（Command Line Interface）………………………… 53
client_id …………………………………………………… 192, 202
code …………………………………………………………………… 202
Computer Vision …………………………………………… 121
Connect-AzureAD …………………………………………… 189
Content Moderator ………………………………………… 123
core.windows.net ……………………………………………… 48
CQRS（Command and Query Responsibility Segregation）
………………………………………………………………………… 69
CSP（クラウドソリューションプロバイダー）…… 4, 16, 234
Custom Vision ………………………………………………… 123

D

Databricks Filesystem（DBFS）………………………… 95
DataFrame ……………………………………………………… 89
DBaaS（Database as a Service）……………………… 128
DDoS（分散サービス拒否）………………………………… 34
dependsOn ……………………………………………………… 62
DevOps …………………………………………………………… 171
DHCP ………………………………………………………………… 30
Disk ……………………………………………………………… 37, 38
DNS ………………………………………………………………… 32, 35
Docker ……………………………………………………………… 65
DTU（データベーストランザクションユニット）… 8, 72, 135
DTU ベースの購入モデル ………………………………… 72
DWU（データウェアハウスユニット）………… 82, 86, 135

E

Enterprise Integration Pack …………………………… 158
Excel ………………………………………………………………… 79

F

FaaS (Function as a Service) ... 152
Face ... 122
File ... 37
Function App (関数アプリ) ... 161, 165

G

Get-AzureADUser ... 189
Get-Credential ... 189
GraphX ... 89
Gremlin API ... 132, 134
GRS (地理冗長ストレージ) ... 36

H

HDD ... 36
Hive ビュー ... 100
HTTPS ... 53

I

IaaS (Infrastructure as a Service) ... 23, 52, 149
IAM (アイデンティティ/アクセス管理) サービス ... 220
ID/パスワードの同期 ... 210
id_token ... 192, 202
Identity Experience Framework ... 219
ID フェデレーション ... 189, 210, 212
Infrastructure as Code (IaC) ... 52, 69, 238
IOPS (IO Per Second) ... 38
IoT (Internet of Things) ... 140
IoT Edge モジュール ... 148
IoT Edge ランタイム ... 148
IP アドレス ... 30
Iris Two Class Data ... 115

J

JAZUG (Japan Azure User Group) ... 22
JSON ... 53
Jupyter ノートブック ... 119

K

K-Means (K-Means) ... 110
Knowledge (知識) ... 121, 125
Kubernetes ... 66

L

L4 ロードバランサー ... 34
L7 ロードバランサー ... 34
Language Understanding (LUIS) ... 125
Language (言語) ... 121, 124
LRS (ローカル冗長ストレージ) ... 36

M

MAC アドレス ... 30
Managed Instance ... 81
MAS 研 (Microsoft Azure Stack 研究会) ... 241
Microsoft Azure IoT Reference Architecture ... 141
Microsoft Tech Community ... 22
Microsoft アカウント (MSA) ... 9, 10, 186, 188, 205
MLlib ... 89
Mobile Apps ... 152
MongoDB API ... 132, 134
MSDN フォーラム ... 21
mssql ... 77

N

NFV (Network Functions Virtualization) ... 27
nonce ... 192, 194, 202
NoSQL ... 132
NSG (ネットワークセキュリティグループ) ... 28, 33, 46

O

OAuth 2.0 ... 184, 189, 201
OpenID Connect ... 184, 189
OS ディスク ... 40

P

P2S (Point-to-Site) VPN ... 30
PaaS (Platform as a Service) ... 23, 149, 150
parameters ... 61
PCA ベースの異常検出 (PCA-Based Anomaly Detection) ... 110
PolyBase ... 85
Power BI ... 78, 87, 107
PowerShell ... 188
Premium ... 36
Premium SSD ... 50
Pub/Sub (パブリッシュ/サブスクライブ) ... 101
Publisher (発行元) ... 63

Q

QnA Maker ... 126
Queue ... 37

R

RA-GRS (読み取りアクセス地理冗長ストレージ) ... 36
RBAC (ロールベースのアクセス制御) ... 26

RDBMS	131
Reddit	22
redirect_uri	192, 202
Reporting API	19
Resource Manager	24
resources	62
response_type	192, 202
REST	53
RMS（Windowsライツマネジメントサービス）	221
RU（要求ユニット）	135

S

S2S（Site-to-Site）VPN	30
SAML 2.0	184, 189
scikit-learn	119
SCIM（System for Cross-domain Identity Management）	196
SDN（Software Defined Network）	27
Search（検索）	121, 126
Service Fabric Mesh	67
Site Reliability Engineering（SRE）	5
SLA（サービスレベルアグリーメント）	5, 138
small_radio_json.json	94
Spark Core API	89
Spark SQL	89, 95
Spark Streaming	89
Sparkクラスター	90, 93
Sparkジョブ	90
Speaker Recognition	124
Speech Services	123
Speech（音声）	121, 123
SQL API	132, 133
SQL Server Integration Services（SSIS）	85
SQL Server Management Studio（SSMS）	75, 84
SSD	36
SSO（シングルサインオン）	198
Stack Overflow	21
Standard	36, 38
Standard HDD	50
Standard SSD	50
state	192, 202

T

Table	37
Table API	132, 135
Table Storage	135
TAM（テクニカルアカウントマネージャー）	20
TensorFlow	119
Text Analytics	125
Tokyo Azure Meetup	22
Translator Text	125

U

UDF（ユーザー定義関数）	133
Ultra SSD	50
URI	25

V

variables	62
Video Indexer	123
Vision（視覚）	121
Visual Studio	75, 76, 155
Visual Studio Code	77, 155
Visual Studio Code Tools for AI	119
Visual Studioサブスクリプション	16
VNET	28
VNETピアリング	30

W

WAF（Web Application Firewall）	34
Web App for Containers	66, 152
Web Apps	151, 154
Webアプリケーションプロキシ	208
Windowsライツマネジメントサービス（RMS）	221
Windows統合認証	209
WS-Federation	184, 189

Z

ZRS（ゾーン冗長ストレージ）	36

あ

アーカイブ	37
アイデンティティプロバイダー（IdP）	156, 216, 219, 221
アクション	158
アクティブ地理レプリケーション	74
アサーション	208, 209
アンマネージドディスク	38
異常検出（Anomaly Detection）	110
一時停止	87
一時ディスク	40
一対全多クラス（One-vs-All）	111
インプレースライブ移行	44
エージェント	40
エラスティックプール	80, 130
エンタープライズ契約（EA）	4, 16, 19, 234

■か

回帰（Regression）	110
開発／テスト価格	4
外部接続	29
書き込みリージョン	137
拡張機能	40
仮想コアベースの購入モデル	73
仮想ネットワーク	28, 45, 50
仮想マシン	39, 48
仮想マシンの再デプロイ	30
仮想マシンのメンテナンス	43
可用性セット	39, 43, 68
監視	41
機械学習	108, 109
機械学習アルゴリズムチートシート	111
教師あり学習	112
教師なし学習	112
クール	37
クォータ	90
クライアントID	191, 203
クライアントシークレット	191, 203
クラウドソリューションプロバイダー（CSP）	4, 16, 234
クラシック	24
クラスタリング（Clustering）	110
クレーム情報	193
グローバルVNETピアリング	30
グローバルロードバランサー	35
継続的インテグレーション（CI）	53
継続的インテグレーション／デリバリー（CI/CD）	155
ゲートウェイ	29
ゲートウェイサブネット	29
更新ドメイン	42
高速フォレスト分位点回帰（Fast Forest Quantile）	110
コネクタ	156, 158, 159
コマンドクエリ責務分離（CQRS）	69
コンセント	199
コンテナー	65
コンピューティングDWU（cDWU）	83
コンピューティング最適化Gen1	83
コンピューティング最適化Gen2	83

■さ

サーバーレスアーキテクチャ	8, 159
サービスレベルアグリーメント（SLA）	5, 138
再構成（リコンフィギュレーション）	73
サブネット	28, 47, 50
差分クエリ（Differential Query）	196
サポートベクターマシン（Support Vector Machine）	110, 111
ジオ	6
自己復旧	68
自己ホスト型統合ランタイム	86
実験（Experiment）	114
従量課金	3, 17, 65, 164, 233
受信セキュリティ規則	33, 46
順序回帰（Ordinal）	110
障害ドメイン	42
条件付きアクセス	197
冗長化	68
シングルサインオン（SSO）	198
診断	41
スケールアウト	69, 155
スケールアップ	155
スケールイン	69
ストリーミングデータ	101
ストリーミングユニット	105
ストレージ	35
ストレージアカウント	35, 41, 48
ストレージアカウント名	36, 48
ストレージクラスター	39
ストレージのサフィックス	36
スナップショット	155
スループットのSLA	138
スループットユニット	102
整合性のSLA	138
整合性レベル	139
線形（Linear）	110
ゾーン（Availability Zone：AZ）	6, 36
ゾーン冗長ストレージ（ZRS）	36
属性グループ（セクション）	61
組織アカウント	9

■た

多クラス分類（Multi-Class Classification）	111
多要素認証	198
地理冗長ストレージ（GRS）	36
地理レプリケーション	137
ディレクトリ	187
データウェアハウスユニット（DWU）	82, 86, 135
データディスク	40
データベーストランザクションユニット（DTU）	8, 72, 135
テクニカルアカウントマネージャー（TAM）	20
デシジョンジャングル（Decision Jungle）	110, 111
デシジョンフォレスト（Decision Forest）	110, 111
テナント	186, 187

デプロイスロット 155
テンプレートデプロイ 55
ドメイン間の信頼関係 211
ドメインコントローラー 183, 220
ドライブ 40
トリガー 156, 158, 160

■な

名前解決 32
ニューラルネットワーク (Neural Network) 110, 111
認可 (承認) 156
認証 156
認証サーバー 220
ネットワーク 27
ネットワークセキュリティグループ (NSG) 28, 33, 46
ノートブック 95

■は

パーティション 102, 105
ハイパースケール 73
ハイブリッドクラウド 226
ハイブリッドタイプのAzure ADドメイン 198
バインド 160
パケットフィルタリング 33
パスワード同期 210
パスワードベースのシングルサインオン 207
発行元 (Publisher) 63
パブリックIPアドレス 28, 30, 47, 50
パブリッククラウドサービス 1
パブリッシュ／サブスクライブ (Pub/Sub) 101
汎用v1 36
汎用v2 36
ビッグデータ 132
ビルドパイプライン 179
ブーストデシジョンツリー (Boosted Decision Tree) 110
ブーストデシジョンフォレスト (Boosted Decision Forest) 110
プリエンプティブ再デプロイ 44
ブロックBlob 37
分散サービス拒否 (DDoS) 34
平均化パーセプトロン (Average Perceptron) 111
ベイズポイントマシン (Bayes' Point Machine) 111
ベイズ線形 (Bayesian Linear) 110
ページBlob 37, 38
ポイントインタイムリストア 74
ホット 37
ポワソン回帰 (Poisson) 110

■ま

マネージドディスク 38, 43, 50, 68
マルチテナント 199
マルチマスター書き込み 137
命名規則 44
メモリ保護更新 44

■や

ユーザー情報の同期 195
ユーザー定義関数 (UDF) 133
要求ユニット (RU) 135
読み取りアクセス地理冗長ストレージ (RA-GRS) 36
読み取りリージョン 137
予約 73
予約容量 4

■ら

ライセンス持ち込み (BYOL) 65, 234
リアルタイムデータ処理 101, 142
リージョン 5, 6
リージョンペア 7
リコンフィギュレーション (再構成) 73
リソース 25
リソース間の依存関係 62
リソースグループ 25, 45
リプレイアタック (Replay Attacks) 194
リモート監視ソリューション 144, 147
料金計算ツール 20, 83
料金体系 3, 83
リリースパイプライン 180
レイテンシのSLA 138
ローカル詳細サポートベクターマシン
　(Locally Deep Support Vector Machine) 111
ローカル冗長ストレージ (LRS) 36
ロールベースのアクセス制御 (RBAC) 26
ロジスティック回帰 (Logistic Regression) 110, 111

■わ

ワークフロー 157

著者一覧

佐藤 直生（さとう なおき）
日本マイクロソフト株式会社　Azureテクノロジスト
Azureの黎明期だった2010年にマイクロソフトに入社以降、Azureのテクノロジスト／エバンジェリストとして、技術啓蒙活動やプロジェクトの技術支援活動を行っている。本書では、全体監修、『Azureテクノロジ入門 2018』からのアップデート、第3章のAzure Cosmos DB、Azure Databricks、Azure IoT、第4章のAzure DevOpsを担当。

久森 達郎（ひさもり たつろう）
Gatebox株式会社　エンジニア
ソーシャルゲームプラットフォーム、アドテク領域でLinux、PHP、Java、Perl、MySQL、AWS等のサービス基盤を作り育てるエンジニアを振り出しに、マイクロソフトのテクニカルエバンジェリストを経て現職。現在はGateboxの開発にAzureを活用しており、伝える側から使う立場へ転身した。好きなAzureのサービスはAzure Web Apps。本書では企画全体の取りまとめと第1章、第3章の一部、および第4章のAzure Functionsを担当。

真壁 徹（まかべ とおる）
日本マイクロソフト株式会社　クラウドソリューションアーキテクト
金融系シンクタンクで公共向けパッケージシステムのアプリケーション開発から、IT業界でのキャリアを始める。日本ヒューレット・パッカード株式会社に籍を移し、主に通信事業者向けアプリケーション、システムインフラストラクチャの開発に従事する。その後クラウドコンピューティングとオープンソースに可能性を感じ、OpenStack関連ビジネスでアーキテクトを担当。パブリッククラウドの成長を信じ、2015年に日本マイクロソフト株式会社へ。Windowsでもオープンソースでも、Azureで動くのであれば幅広く支援するアーキテクトとして活動中。趣味はビール。本書では第2章を担当。

安納 順一（あんのう じゅんいち）
日本マイクロソフト株式会社　コマーシャルソフトウェアエンジニアリング
2007年に入社後、テクニカルエバンジェリストとして主にインフラストラクチャ製品を担当。現在はコマーシャルソフトウェアエンジニアリングチームで、アジアの金融機関向け最先端サービスの開発を支援するチームに所属。本書では第5章を担当。

松崎 剛（まつざき つよし）
日本マイクロソフト株式会社　パートナーソリューションプロフェッショナル
2005年に日本マイクロソフトに入社以降、.NETのサーバーテクノロジ関連の開発技術、Office関連の開発技術、アイデンティティ開発技術、AIプラットフォームによる開発技術などのエンタープライズ向けの開発技術を中心に啓蒙活動やプロジェクトの支援活動に従事。本書では第5章を担当。

高添 修（たかぞえ おさむ）
日本マイクロソフト株式会社　パートナーソリューションプロフェッショナル
日本のパートナー支援部隊に所属し、マイクロソフトのハイブリッドクラウドおよびWindows Server関連の技術支援を行っている。また、マイクロソフトのインフラ系技術の専門家として、社内の肩書を超えてIT系のイベントやセミナーにも登壇することが多く、Azure Stackの専門家としても活動中。本書では第6章を担当。

● 本書についてのお問い合わせ方法、訂正情報、重要なお知らせについては、下記Webページをご参照ください。なお、本書の範囲を超えるご質問にはお答えできませんので、あらかじめご了承ください。

https://project.nikkeibp.co.jp/bnt/

● ソフトウェアの機能や操作方法に関するご質問は、ソフトウェア発売元または提供元の製品サポート窓口へお問い合わせください。

Azureテクノロジ入門 2019

2018年11月19日　初版第1刷発行
2020年12月17日　初版第3刷発行

著　者	佐藤 直生、久森 達郎、真壁 徹、安納 順一、松崎 剛、高添 修
監　修	日本マイクロソフト株式会社
発 行 者	村上 広樹
編　集	生田目 千恵
発　行	日経BP社
	東京都港区虎ノ門4-3-12　〒105-8308
発　売	日経BPマーケティング
	東京都港区虎ノ門4-3-12　〒105-8308
装　丁	コミュニケーションアーツ株式会社
DTP制作	株式会社シンクス
印刷・製本	図書印刷株式会社

本書に記載された内容は情報提供のみを目的としており、明示、黙示または法律の規定に関わらず、これらの情報について著者、監修者、および日経BP社はいかなる責任も負わないものとします。また、記載されている情報は制作時点のものであり、本書の発行後に変更されることがあります。あらかじめご了承ください。
本書に記載されている会社名および製品名は、各社の商標または登録商標です。なお、本文中に™、®マークは明記しておりません。
本書の例題または画面で使用している会社名、氏名ほかのデータは、すべて架空のものです。
本書の無断複写・複製（コピー等）は著作権法上の例外を除き、禁じられています。購入者以外の第三者による電子データ化および電子書籍化は、私的使用を含め一切認められておりません。

© 2018 Microsoft Japan Co., Ltd.
ISBN978-4-8222-5385-1　Printed in Japan